航空智能制造装备技术

陈文亮　王　珉　齐振超　编著

U0287358

科学出版社

北京

内 容 简 介

飞机结构具有材料多样化、结构复杂、尺寸大、批量小等特点,特别是新型高比强度材料和整体化结构件的大量采用,导致飞机零件制造过程复杂、难度系数大,装配工作要求严苛,因此飞机零部件的制造与装配所需的工艺装备具有鲜明的航空特色。本书从航空制造工艺装备的研制出发,重点介绍产品数字化建模技术、大尺寸数字化测量技术、基于机器视觉的检测技术、身份识别与智能感知技术和三维可视化与虚拟仿真技术,结合飞机智能化自动制孔系统的研制和工程应用,探讨航空制造工艺装备的智能化实现方法,航空特色鲜明。

本书可作为高等航空工科院校飞行器设计、制造和管理等专业本、专科教材,也可供从事飞机设计与制造的工程技术人员参考。

图书在版编目(CIP)数据

航空智能制造装备技术 / 陈文亮,王珉,齐振超编著. —北京:科学出版社,2021.3

ISBN 978-7-03-067400-5

Ⅰ. ①航… Ⅱ. ①陈… ②王… ③齐… Ⅲ. ①智能技术-应用-航空工程-工程技术 Ⅳ. ①V2

中国版本图书馆 CIP 数据核字(2020)第 266255 号

责任编辑:李涪汁 霍明亮 / 责任校对:王 瑞
责任印制:张 伟 / 封面设计:许 瑞

科 学 出 版 社 出版
北京东黄城根北街 16 号
邮政编码:100717
http://www.sciencep.com
北京厚诚则铭印刷科技有限公司 印刷
科学出版社发行 各地新华书店经销

*

2021 年 3 月第 一 版 开本:720 × 1000 1/16
2023 年 2 月第二次印刷 印张:15 1/2
字数:312 000
定价:99.00 元
(如有印装质量问题,我社负责调换)

前　言

　　航空制造与一般机械制造相比,具有加工精度和协调要求高、可靠性要求高、柔性和适应性要求高等特点,以适应飞机零部件结构复杂、尺寸大、多品种、小批量的制造要求,特别是飞机结构装配工作量巨大、装配要求严苛,其装配工艺装备具有鲜明的航空特色。长期以来,由于国内缺乏专业化的航空制造装备生产企业,航空制造装备的自动化程度较低,严重制约了航空制造技术水平的提升。随着数字化和智能化技术的不断发展,航空智能制造技术正成为国内外研究的热点,本书正是在这一背景下,立足于航空智能制造装备的研制需求编写而成,以期提升我国航空制造装备的水平。

　　本书第 1 章讨论航空制造装备的现状和发展趋势,提出航空智能制造装备研制的关键技术。第 2 章介绍航空制造过程涉及的主要工艺装备,包括:整体结构件加工装备、钣金零件成形装备、复合材料构件成形装备、自动化装配工装与装备。第 3 章主要讨论制造装备智能化的基础技术——产品数字化建模技术。针对航空零部件尺寸大、精度要求高的特点,第 4 章主要介绍大尺寸数字化测量技术。随着智能化技术的发展,机器视觉在制造装备研制中得到了越来越广泛的应用,第 5 章主要介绍基于机器视觉的检测技术与工程应用。身份识别与智能感知是制造装备智能化的关键,第 6 章主要介绍智能制造装备研制中涉及的身份识别技术、传感器技术和智能感知技术。三维可视化与虚拟仿真是提高制造装备质量和效率的有效手段,特别是对于结构复杂、协调要求很高的航空制造装备尤其重要,第 7 章主要讨论三维可视化技术、虚拟仿真技术、数字孪生技术等。第 8 章通过对飞机智能化自动制孔系统研制过程的解剖,介绍航空智能制造装备研制的过程和智能化实现方法。

　　本书是在作者所在科研团队总结近年来从事飞机自动化装配装备研制的经验和教训基础上,结合当前智能化技术的发展趋势编写的。前期的研究工作包括:中国商用飞机有限责任公司创新基金"飞机自主移动制孔系统"、大型客机重大专项"基于 MBD 的数字化飞机装配工艺""飞机自动制孔和铆接工艺技术"等。本书作者参与了国产大型客机 C919 机体生产线的工艺研究工作,参与的"大型客机机体数字化装配关键技术及集成应用"获 2017 年度上海市科技进步一等奖。本书获得了江苏省高等教育教学立项改革研究重点课题"现代装配技术实验教学体系及其平台建设"(2011JSJG018)、一般课题"基于虚拟仿真实验平台的互联网＋新工科专业教育新模式探索"（2019JSJG268）和江苏高校品牌专业建设工程项目的资助。在此对所有参与相关工作的人员表示衷心的感谢！

　　本书在编写过程中，还参考了大量近年来该领域的研究成果和资料，鲍益东老师、丁力平老师、张得礼老师、刘浩老师、刘胜兰老师、李泷杲老师等提供了相关章节的素材，潘国威、郭课、王子昱、王钰等同学参与了大量的资料整理和部分章节的编写工作。在此，对他们的辛勤付出表示衷心的感谢！同时，对曾经支持、帮助和关心本书出版的各位同行、参考文献作者、审稿者致以诚挚的谢意。

　　限于作者水平，书中难免有不足之处，恳请读者批评、指正。

陈文亮

于南京航空航天大学

2020 年 1 月

目　录

第1章 概　述

1.1　航空工业的现状和发展趋势

航空工业作为工业之花，是国家战略性产业，是国家技术、经济、国防实力和工业化水平的重要标志。1903 年 12 月 17 日，美国莱特兄弟用自己制造的飞机，实现了人类首次持续的、有动力的、可操纵的飞行，开创了现代航空的新纪元。两次世界大战刺激了航空科学技术的发展，军用飞机的性能不断提高，使战争从平面向立体转化。在两次世界大战之间发展起来的民用航空运输事业，使飞机成为与经济发展和人民生活息息相关的交通工具。第二次世界大战以后，喷气式飞机的出现，使飞机突破了声障，这是航空发展史上的又一次重大突破。一批高性能的超声速军用飞机投入使用，对现代军事技术产生了重大的影响。经济、安全、舒适的喷气式客机成为民用航空运输的主力，改变了现代交通运输的结构。

随着科学技术的发展，特别是电子技术和新材料、新能源的开发，航空科学技术正在孕育一场重大的变革。20 世纪 60 年代飞机开始使用计算机、捷联式惯性导航和塔康导航系统、机载脉冲多普勒雷达系统、飞机飞行自动控制系统等，这些系统将飞机的通信、导航、自动控制、电子对抗、目标的截获/识别/跟踪、全天候飞行等方面的性能提高到新的水平，从而显著地提高了飞机的作战、机动和生存能力。70 年代军用飞机广泛地使用了主动控制技术，使得飞机在初步设计时就考虑控制系统的作用，综合选择飞机最佳外形，降低飞机阻力，减轻飞机结构重量。随着计算机技术的进一步发展，用于调度系统工作的综合机载电子系统应运而生，它通过数据传输线与传感器分系统、飞行控制分系统和控制显示分系统相连，整个系统兼有性能管理、导航、控制和显示等功能。同时计算力学、计算机辅助设计和计算机辅助制造技术使传统的飞机设计和飞机制造发生了重大的变化。

F-22 和 F-35 作为第五代隐形战斗机，代表了国际先进军用飞机发展的趋势，具有 4S 特征：超机动性（super-agility）、超声速巡航（supersonic cruise）、超隐身能力（stealth）、超视距打击能力（superior-sensor），美国 F-22 猛禽战斗机如图 1.1所示。国产歼-20 采用了单座双发、全动双垂尾、无附面层隔道超声速进气道（diverterless supersonic inlet，DSI）、上反鸭翼带尖拱边条的鸭式气动布局。头部、机身呈菱形，垂直尾翼向外倾斜，起落架舱门为锯齿边设计，侧弹舱采用创新结构，可将导弹发射挂架预先封闭于弹仓内。相比美国 F-22 强调超隐身能力，歼-20更偏重于超机动性。

图 1.1 美国 F-22 猛禽战斗机

以波音公司（以下简称波音）787 和空中客车公司（以下简称空客）A350 为代表的民用飞机，在飞机性能不断提升的基础上，突出了复合材料的广泛应用，如图 1.2 所示。先进复合材料因比模量、比强度高，抗疲劳、耐腐蚀、可设计和工艺性好，成为飞机结构重要发展方向之一。轻质、高强、性能优异的复合材料成为理想的结构用材，并逐渐从小型、简单、次承力结构向大型、复杂、主承力结构过渡。国外军机上复合材料用量普遍占结构重量的 25%～50%，在民用领域，波音 787 飞机的复合材料用量达到 50%，而空客 A350XWB 复合材料用量达到了创纪录的 52%。

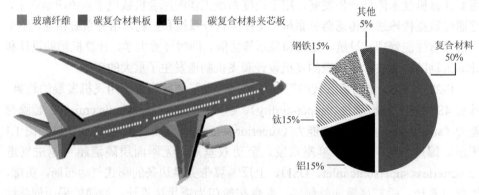

图 1.2 波音 787 使用的主要材料

为了满足飞机机动性和隐身的要求，F-22 大量采用了钛合金、碳纤维复合材料的整体结构和锯齿边蒙皮，需要采用全新的飞机零部件加工工艺和装备。

1.2　航空制造装备的现状和发展趋势

航空制造可分为切削加工、钣金成形、复合材料构件制造和整机装配等类型。航空制造涉及的制造工艺装备包括：结构件切削加工的数控机床、型材和蒙皮等钣金零部件的成形加工设备、复合材料构件的铺放装备、飞机装配用的型架和工艺装备等。

现代飞机零部件的主要特点是尺寸大（如长桁、大梁、壁板等），结构形状复杂（如具有各种形式的槽腔结构、下陷、加强筋及凸缘，带有变斜角、空间复杂曲面等），难加工材料多（如钛合金等），材料去除率高（部分零部件可达 90%以上），尺寸及位置精度要求高，零部件表面质量要求高，零部件品种规格多且批量较小等。随着现代航空制造技术的发展，以数控加工技术为代表的切削加工得到了越来越广泛的应用，数控加工技术已经成为飞机制造的关键技术之一。数控加工技术的进步使飞机设计理念发生了转变，零部件设计向整体化、复杂化方向发展。整体设计的基本概念是从一块整体毛坯上将金属切除，从而获得性能优越的整体结构件，如图 1.3 所示。集成的整体结构和数字化制造技术构筑了新一代飞机先进制造技术的主体框架。目前飞机结构件切削加工已基本实现数字化，多坐标数控机床尤其是高速数控机床（主轴转速超过 30000r/min）大量地应用于飞机整体结构件的加工过程中。

图 1.3　数控加工的铝合金整体结构

随着航空材料体系的变化，以碳纤维增强的树脂基复合材料为代表的复合材料正在越来越多地取代传统的机体结构材料，如图1.4所示。复合材料构件尺寸的不断增大导致结构越来越复杂，传统的手工铺放正在被自动化的铺带和铺丝方式所取代，自动纤维铺带和铺丝技术的出现彻底地改变了航空、航天领域复合材料结构的生产方式，应运而生的是综合了最先进的数字化控制、复合材料、机械制造等跨学科技术的自动铺带机和自动铺丝机。

图1.4 碳纤维复合材料壁板

复合材料铺放制造技术包括铺放装备技术、铺放计算机辅助设计/计算机辅助制造（computer aided design/computer aided manufacturing，CAD/CAM）技术、铺放工艺技术、预浸料制备技术、铺放质量控制、一体化协同数字化设计等一系列技术，主要是自动铺放装备技术、应用软件技术以及材料工艺技术的融合集成。其中自动铺放装备技术是整个技术的基础和核心，而铺放装备技术中最关键的是铺放头多功能集成技术和多坐标、多系统运动协同控制技术。复合材料铺放制造过程为铺放头在多坐标联动控制下，快速准确地运动到复合材料将要铺放的模具表面，并按照铺放程序的指令准确、无误、高效、自动地完成装在专用卷轴上的预浸料（带或丝束）的铺放，包括完成送料、定位、切割、加热、压紧、回收等动作，保证铺放质量满足工艺要求。

飞机装配是根据飞机设计的要求将飞机零部件进行定位、夹紧和连接，按一定组合和顺序，逐步装配成组合件、板件、段件和部件，最后将各部件对接成完整的飞机机体。在机体上还要逐步安装发动机、仪表、操纵系统以及各种附件、装置和特种设备等。飞机装配在航空制造中占有十分重要的地位，以手工装配为主的飞机装配模式正在发生根本性的变化，以柔性化和自动化为特征的飞机装配技术正成为航空制造的另一个关键技术。飞机壁板自动钻铆系统如图 1.5 所示。

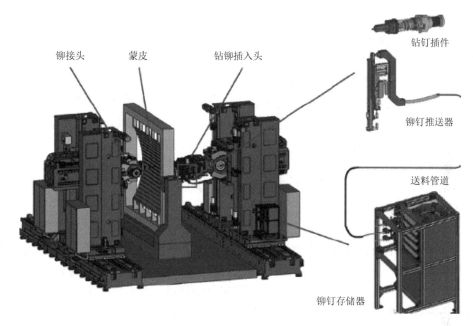

铆接头　　蒙皮　　钻铆插入头　　钻钉插件　　铆钉推送器　　送料管道　　铆钉存储器

图 1.5　飞机壁板自动钻铆系统

先进飞机装配技术包括：飞机装配虚拟仿真技术；飞机装配过程的柔性定位技术；飞机自动化装配技术和飞机移动生产线技术等。

航空制造装备已基本实现数字化，实现了零部件加工的数控控制。随着智能化技术的不断发展，航空制造装备正在不断地向智能化方向转变。主要体现在：

（1）传统数控装备向智能装备及智能制造单元转变。传统数控装备是按确定的空间关系和程序逻辑运转的，随着数控系统计算处理能力的不断提升和功能部件不断发展完善，数控装备的加工效率、稳定性、灵活性及信息处理能力有了极大的提高，基于工况的自主处理能力日趋增强。航空制造领域的智能装备及智能制造单元主要包括智能机床、智能机器人、智能控制装置与系统、传感识别与信息采集装置和智能物流系统等，能够对制造过程中运动、功率、转矩、能量和信息等状态进行实时监测，并实现基于规则的自主决策与自适应控制。

（2）传统制造系统向智能制造系统转变。以数字化技术为基础，以集成控制技术为核心，引入智能处理决策功能，构建出基于智能化装备、智能化工艺、传感网络、智能决策处理系统及人机互联的智能化制造系统，使制造智能由个体智能跨越到整体智能，提升在大数据量、高自动化环境下人们对制造数据、加工状态和调整决策的掌控能力。

1.3 航空智能制造装备研制的关键技术

装备制造是制造业的脊梁，高端装备制造业更是"国之重器"。高端装备制造业要以智能制造为突破口和主攻方向，实现工业制造技术与信息技术不断融合，打造高精尖的智能制造装备。智能制造装备是指具有感知、分析、推理、决策、控制功能的制造装备，它是先进制造技术、信息技术和智能技术的集成和深度融合。依据航空产品类型和制造工艺的不同，航空智能制造装备可分为切削加工、钣金成形、复合材料构件制造和飞机装配等类型的工艺装备。

航空智能制造装备研制的关键技术包括：产品数字化建模技术、大尺寸数字化测量技术、基于机器视觉的检测技术、身份识别与智能感知技术、三维可视化与虚拟仿真技术等。

1）产品数字化建模技术

数字化技术是智能制造的核心和前提，在装备研制过程中，可以实现产品的三维建模，对产品各零部件的装配过程进行虚拟仿真，利用数字化测量设备可以进行产品质量的实时检测。通过数字化装配现场管理系统可以将上述过程以视频动画的形式展示出来，实现装配现场的数字化信息传递，不但提高了装配质量，而且提高了信息传递效率，进而缩短了智能装备的研制周期。

2）大尺寸数字化测量技术

航空零部件具有尺寸大、精度要求高的特点。对航空零部件的精密测量需要一套独特的测量方法和技术。用于航空结构件测量的三坐标测量机、飞机装配过程测量使用的激光跟踪仪和室内全球定位系统（global positioning system，GPS）都具有鲜明的航空特点。

3）基于机器视觉的检测技术

机器视觉在航空中的应用日渐广泛，其应用包括蒙皮的缺陷检测、飞机零部件尺寸检测、目标定位等。采用机器视觉的检测方法可极大地提高检测效率和自动化程度，同时，机器视觉也具有较高检测精度，可以很好地满足航空制造装备研制的需求。

4）身份识别与智能感知技术

航空制造装备的智能主要表现为具有感知能力、定位能力、信息互联和控制决策能力。身份识别、传感器和智能传感器是信息物理融合系统的重要组成部分，条形码、二维码、射频识别（radio frequency identification，RFID）等身份识别技术，力觉、触觉、压觉、接近度、速度和加速度传感器，以及智能传感器在航空制造装备的研制中得到了越来越广泛的应用。

5）三维可视化与虚拟仿真技术

随着计算机图形学、计算机视觉、计算机辅助设计等技术的迅猛发展，在机械结构和装备的开发中，采用三维可视化与虚拟仿真技术可以大大提高开发的效率。采用三维可视化和虚拟现实技术，模拟装备运行过程和运行效果，提供装备虚拟运行仿真和监控，可显著地提升装备的竞争力。

第2章 航空制造工艺装备

航空产品涉及机械、力学、电子、材料、控制、制造等多个学科，是衡量国家工业基础、科技水平、综合国力、国防实力的重要标志，是实现"制造大国"向"制造强国"转变的重要载体。航空产品的零部件大多数需要经过加工、成形和连接等工艺过程。根据功能不同，可以将航空制造装备划分为零部件加工、成形装备和部件装配装备两大类。其中零部件加工、成形装备还可以依据具体加工对象的不同划分为三大类：整体结构件加工装备、钣金零件成形装备、复合材料构件成形装备。

2.1 整体结构件加工装备

飞机整体结构件已成为飞机机体骨架和气动外形的重要组成部分，它们品种繁多、形状复杂、材料各异。为了减轻重量，采用等强度设计，往往在结构件上形成各种复杂型腔，例如，壁板、梁、框、座舱盖骨架等结构件是由构成飞机气动外形的流线形曲面、各种异形切面、结合槽口、交点孔组合成的复杂实体。整体结构件加工不但形位精度要求高，而且有严格的重量控制和使用寿命要求。

整体结构件的主要类型有整体壁板、整体梁、整体框、整体肋、整体骨架和接头等。整体结构件的加工装备主要是数控机床，数控机床就是为满足航空工业的需求而研制的。1948 年，美国 Parsons 公司因为掌握了使用计算机进行飞机桨叶形状三维插值的技术，获得了一笔来自美国空军的订单，制造军用飞机的变截面机翼。麻省理工学院负责相应的伺服系统的开发，并在 1952 年开发出了可靠的伺服控制系统，将其用在铣床上——世界上第一台三坐标数控立式铣床就这样诞生了。从第一台数控机床诞生到现在的 60 余年间，数控机床逐步成为包括航空工业在内的制造业的基础设备。随着航空工业的不断发展，数控机床所面对的加工对象不仅材料特性日益复杂，而且结构更趋复杂化和大型化（如大型异形件的整体一次加工等）。面对这样的环境与需求，机床设计制造企业纷纷通过提升机床的智能化水平、提高机床专业化程度和提供复合化加工能力，来满足航空工业对数控机床的要求。根据所加工航空零部件材料不同，航空整体结构件的加工装备可以分为两大类：航空铝合金数控加工机床、航空钛合金数控加工机床。

2.1.1　航空铝合金数控加工机床

目前，面向航空铝合金零件高效数控加工的机床以移动龙门结构为典型代表。移动龙门结构具有结构刚性好、加工范围大、占地面积小、操作方便等特点，成为航空铝合金数控加工机床首选的结构形式。因铝合金材料若干年以来在航空领域占有的重要地位和较大应用比例，各航空数控加工车间先后配置了大量进口中高端龙门数控机床。鉴于此类数控机床的强劲需求，国内许多机床厂商也相继发展了自己的中高端龙门移动数控机床。

龙门多主轴机床是最具航空特色的数控机床，工作台宽度尺寸大，机床纵向行程长，一台机床可配置多个龙门架（高架桥式机床为横梁），每个龙门（横梁）上可配置多个主轴，既可以同时加工多个相同的梁类零件，也可以只加工一个大尺寸的壁板、框类零件，机床的利用率和加工效率得到有效提高。

德国 Zimmermann 公司新推出了 FZ-100 高架桥式龙门移动式六轴高速数控加工中心（machining centre，MC）机床。该机床最大特点是配置有独特设计制造的、具有 AB 摆动轴和 C 旋转轴的高刚性与高精度的集成化主轴铣头 M3 ABC，从而可实现六轴数控加工。和传统带 A/C 轴叉式主轴铣头相比，具有高动态特性的 M3 ABC 三轴铣头在切削加工那些带有小倾角筋壁或小倾角槽壁的大型框类航空结构件时具有明显的优势。FZ-100 六轴高速数控 MC 机床如图 2.1 所示。

图 2.1　FZ-100 六轴高速数控 MC 机床

当前阶段，用于大型复杂铝合金结构件加工的高效高速数控加工机床总体结构主要有倒龙门移动式、立柱移动式、垂直工作台移动式等类型。

　　法国 Forest-line 公司推出的 AeroMill 倒龙门移动式卧式五轴数控 MC 机床，如图 2.2 所示，属于倒龙门移动式卧式高效高速数控加工机床。该机床配置的电主轴连续功率为 60kW，转矩为 58N·m，基速为 10000r/min，最高转速为 24000r/min，刀具接口为 HSK-A63，主要用于坯料为板材铝合金的航空大型复杂飞机整体构件的加工。

图 2.2　AeroMill 倒龙门移动式卧式五轴数控 MC 机床

　　德国 DST 公司推出了主要用于加工大型铝合金整体结构件的 ECOSPEED 卧式五坐标高速数控机床，如图 2.3 所示。该机床最大特点是配置有高性能的并联结构的 Sprint Z3 主轴头，Sprint Z3 铣头设计在可沿 X 轴移动的立柱上，X 轴坐标行程为 3300~18800mm，Y、Z 轴坐标行程分别为 2500mm、670mm。

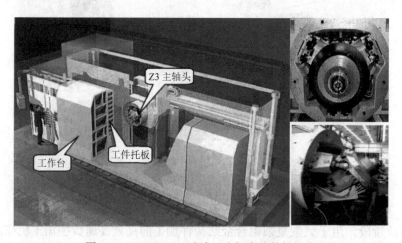

图 2.3　ECOSPEED 卧式五坐标高速数控机床

美国 Cincinnati 公司新推出了 HyperMach H4000/H6000/H8000 卧式五轴数控 MC 机床。如图 2.4 所示，采用固定式立柱和动立式工作台/托盘机床结构，并配置可交换工件托盘站。HyperMach 系列机床以 X 轴坐标行程可加工的零件大小数值作为型号标志，主要用于零件尺寸范围为 2×4m/6m/8m 铝合金材航空整体构件的高效率高速加工（high efficiency machining/high speed machining，HEM-HSM），X 坐标行程为 4200mm/6200mm/8200mm，Y/Z 坐标行程为 2200mm/800mm，集成化主轴头可绕旋转轴 C 连续 360°旋转。

图 2.4　HyperMach H 系列卧式五轴数控 MC 机床

在国内，北京航空制造工程研究所也形成了以双龙门四主轴三坐标高速数控铣床为代表的系列产品，并交付成都飞机工业（集团）有限责任公司、洪都航空工业集团等飞机制造厂用于大型铝合金结构件加工，如图 2.5 所示。

图 2.5　双龙门四主轴三坐标高速数控铣床

2.1.2 航空钛合金数控加工机床

随着现代飞机高速、高精度性能要求的不断提高，具有比强度高、抗腐蚀性好、耐高温等一系列突出优点的材料（如钛合金、高温合金、沉淀硬化不锈钢等）在飞机设计中被大量采用，逐渐成为飞机结构件的主要材料。钛合金是其中最主要的代表。世界各国著名的机床制造商推出了不同型号的钛合金加工机床。尽管各自采用的技术措施不尽相同，但其共同特点是针对加工钛合金零件时切削力较大以及铣削过程的不连续性，聚焦于提高机床的刚性和阻尼。

意大利 JOBS 公司新推出了专用于大型钛合金加工的立式五轴数控龙门加工中心 TARKUS，如图 2.6 所示。该机床主要用于钛合金、不锈钢和航空高温合金等硬合金的切削加工，最大特点是机床龙门采用了全封闭立卧双框结构，其 X 向龙门框架为固定的，通过工作台移动实现 X 轴运动，工件在龙门架之下，Z 向龙门框架可上下移动实现 Z 轴运动。主轴装置在 Z 向上没有任何可移动的部件，主轴 Z 向运动就像机床本身在运动一样。这样，刀具切削点无论是远离还是接近工作台面，对主轴装置而言都是一样的，确保了在整个 Z 轴行程内的高精密加工品质。

图 2.6　立式五轴数控龙门加工中心 TARKUS

日本 Makino 公司为航空制造业新推出了用于钛合金等难加工材料加工的高刚性卧式五轴数控加工中心机床 HMC T49，配置有面向大尺寸零件的高功率高转矩主轴，如图 2.7 所示。

图 2.7　卧式五轴数控加工中心机床 HMC T49

　　在国内，北京航空制造工程研究所以多年钛合金飞机结构件数控工艺研究为基础，研制了高刚性、高精度的 **AB** 摆角五坐标数控龙门铣床和五坐标立式加工中心，分别满足大、中型钛合金结构件的高效加工需求，具体如图 2.8 所示。

(a) 五坐标数控龙门铣床　　　　　　　　　　(b) 五坐标立式加工中心

图 2.8　先进数控加工工艺装备

2.2　钣金零件成形装备

　　飞机钣金零件制造技术是航空制造工程的重要组成部分，是飞机能同时获得高结构效率和优良性能的基础制造技术之一，也是飞机制造工程的支柱工艺之一。

从结构功能上航空钣金零件主要分为气动外形零件、骨架零件和内装零件，航空制造业对成形后钣金零件的机械性能有确定的指标要求，与其他行业的钣金零件相比，其技术要求高，制造难度大。航空钣金零件的制造除采用通用的方法外，还有本行业独特的工艺技术，随之产生了相应的钣金专用制造装备。航空钣金零件成形装备主要包括：拉伸成形装备、镜像蒙皮铣削装备、拉弯成形装备、橡皮成形装备、喷丸成形装备、蠕变时效成形装备、充液成形装备、热冲压成形装备、超塑成形/扩散连接装备。

2.2.1　拉伸成形装备

拉形工艺主要用于成形飞机外表面双曲蒙皮零件。拉形工艺主要分为两种：包覆拉形和拉包成形。前者主要用于成形单曲率蒙皮零件，具体工艺过程如下：将毛料包覆在模具上，然后进行补拉。后者主要用于成形型材和复杂形状蒙皮。这种情况下，毛料首先预拉，然后恒力包覆，等零件完全包覆模具后，施加补拉。国内外数控蒙皮拉形机基本可以分为 4 类：横拉机、纵拉机、纵横合一综合拉形机以及转臂式拉形机。典型的如法国 ACB 公司生产的 FET 蒙皮横拉机，其最大成形力可达到 2500t，它有 4 个独立水平油缸和 4 个独立垂直油缸，控制一对夹钳进行板材拉伸，模型简图如图 2.9（a）所示。法国 ACB 公司 FEL 蒙皮纵拉机的最大成形力达到 2×1000t，其夹钳包括多个夹钳块，每个夹钳块可以相对转动，以使夹钳顺应零件端面外形，设备如图 2.9（b）所示。

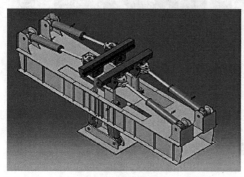 

(a) FET蒙皮横拉机　　　　　　　　　　　(b) FEL蒙皮纵拉机

图 2.9　蒙皮拉形机

美国 Cyril Bath 公司 VTL 型纵横合一综合拉形机既可进行横向拉伸成形，又可进行纵向拉伸成形，还可以通过更换夹钳实现型材的拉弯成形，该机型如图 2.10（a）所示。

美国的 MIT[①]、DARPA[②]、Northrop Grumman 公司和 Cyril Bath 公司从 1999 年开始合作开展柔性模具多点蒙皮拉形技术项目，研制出一套台面尺寸为 121cm×182cm 的工程化应用的柔性模具系统，从 2002 年开始该套系统即在美国某空军修理厂进行工程验证，2004 年 8 月结束。所开发的全套技术包括柔性模具本体、模具曲面自动生成和优化系统、数字控制系统、成形过程数值模拟和优化系统以及非接触光学外形检测系统等。2011 年，波音正式购买了两套该柔性多点拉形模具系统（图 2.10（b））并运用至今。

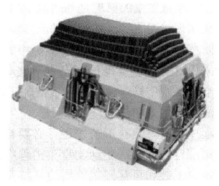

(a) Cyril Bath公司VTL型纵横合一综合拉形机　　　　　(b) 柔性多点拉形模具系统

图 2.10　纵横合一综合拉形机和拉形模具系统（李小强等，2012）

　　吉林大学无模成形开发中心为了解决双曲率蒙皮拉形件成形困难的问题，开发了 SF-1200 型离散夹钳柔性拉形机（图 2.11）。该设备两侧分别设置两组离散化夹钳机构，这些离散化夹钳机构是由多个水平液压缸、垂直液压缸和倾斜液压缸组成的，每个单支机构是 1 个平面多杆机构，每个夹钳都由 1 组液压缸（分别为水

图 2.11　SF-1200 型离散夹钳柔性拉形机

---

① 麻省理工学院（Massachusetts Institute of Technology，MIT）
② 美国国防部高级研究计划局（Defense Advanced Research Project Agency，DARPA）

平液压缸、垂直液压缸和倾斜液压缸）组成。3 个液压缸采用铰链连接，液压缸与夹钳之间采用万向节连接，其拉形机的工作面长×宽为 1600mm×1200mm，夹钳机构共有 20 个。其中，水平和垂直方向布置的液压缸行程为 500mm，倾斜方向布置的液压缸行程为 750mm，其额定拉形力为 1200kN，最大拉形力为 2000kN。

2.2.2　镜像蒙皮铣削装备

镜像铣削的原理是利用两个同步运动的主轴头，切削头实现法向切削，支撑头实现法向支撑，两者并进，协同进行蒙皮材料去除，保证成形质量和精度。现阶段的镜像铣削技术与装备等相关系统主要在空客得到全面应用。其工艺系统采用 2 个同步运动的 6 轴头保证镜像随动法向支承和法向铣削。该工艺可以精准地控制不同厚度蒙皮壁板的加工深度；采用专用 MAP 软件将激光扫描实际形面与零件 CATIA 数模进行比对，生成刀具和支承头空间曲面运动路径-零件加工程序，对蒙皮拉形公差进行必要补偿；实现蒙皮轮廓、孔、槽、开窗和凹穴等精准定位加工；随动支承头由程序和压力传感器控制，无运动滑伤；一套柔性定位工装和可翻倾柔性周边夹持系统，可适应各种规格蒙皮壁板，保证工件空间定位和夹持刚性，保形准确；蒙皮两侧均可进行加工（转台旋转 180°自动换面，无须重新装夹蒙皮）；立式装夹和卧铣有利于排屑和散热，防止蒙皮热变形；上下料便捷不需停机。镜像铣削系统专门设计用于加工机头机身蒙皮壁板：弧高可达 1200mm；小曲率加工（角度达 100°）；周边轮廓夹持和曲面双侧刚性定位确保加工时无变形。图 2.12（a）为采用镜像铣削加工的 A320 机身下部中央蒙皮，图 2.12（b）为典型的镜像铣削机床。

(a) A320 机身下部中央蒙皮　　　　　　　　　　(b) 典型的镜像铣削机床

图 2.12　镜像铣削技术与装备（李佳特，2001）

国内对于镜像铣的研究起步较晚，但近几年许多单位也进行了大量的研究。

特别是在镜像铣系统关键部件的装备研制上做了大量工作，开发出多种类型的镜像铣削装置。

南京航空航天大学结合镜像铣的工艺特点，在镜像铣方法及装备、蒙皮自适应吸附装夹装置、顶撑方法及装备、检测装置、自适应加工方法等方面提出了独特的观点；在数控编程、刀轨优化方面，提出基于特征将蒙皮零件的工艺信息与几何信息相关联，自动识别加工残区，重构蒙皮碎面，生成满足蒙皮镜像铣特殊要求的加工残区优化刀轨，提高大型蒙皮零件镜像铣削数控编程的效率。

首都航天机械有限公司与上海拓璞数控科技有限公司合作，将镜像铣的技术应用到火箭蒙皮的加工中，设计了一种多头镜像铣削装置，如图 2.13 所示。相比于飞机蒙皮，火箭蒙皮形状更简单，大多为单曲度零件，因此并不需要双五轴运动的机床，仅需双三轴运动（即回转运动、垂直运动、水平运动）便可实现镜像加工。此外，该单位还提出了用于镜像铣削加工的工艺参数和加工策略，以及双通道协调运动控制方法，基于超声波测厚对薄壁件加工误差进行自动补偿。

图 2.13　储箱筒段整体多头镜像铣削装置

2.2.3　拉弯成形装备

拉弯主要用于成形飞机上带曲率板弯或挤压型材零件。拉弯的基本原理是在毛料弯曲的同时施加切向拉力以克服内侧的起皱及改善截面内的应力分布以减少回弹，提高外形精度。型材拉弯机可以分为转臂式、转台式、台动式 3 种，目前在航空工业中转臂式拉弯机应用最广泛。法国 ACB 公司、美国 Cyril Bath 公司生产的转臂式拉弯机如图 2.14 所示，其最大拉伸力可以达到 200t。

美国 Cyril Bath 公司与钛合金制造商 RTI 国际金属公司合作开发了热拉弯成形机床，用于钛合金挤压和板弯型材的成形。热成形后的零件再通过机械加工得到最后形状。这种工艺方法减少了钛合金的用量，而且得到的零件残余应力小，精确度高。图 2.15 为热拉弯成形零件。

图 2.14　转臂式拉弯机　　　　　　　　　图 2.15　热拉弯成形零件

2.2.4　橡皮成形装备

橡皮成形技术包括橡皮垫成形技术和橡皮囊液压成形技术两种。橡皮垫成形过程中，半模（凸模或凹模）与毛料放置于工作台上，工作台进入液压机。橡皮垫（多层橡皮）及其容框固定于液压机上端，工作台对橡皮垫施加压力。在高压下橡皮垫表现出流体特性，对零件全表面施加均匀的压力。法国 ACB 公司生产的橡皮垫成形机床如图 2.16（a）所示，最大吨位达到 12500t，最大成形压力达到 100MPa。

(a) 橡皮垫成形机床　　　　　　　　　　(b) 橡皮囊液压成形机床

图 2.16　橡皮成形技术机床

橡皮囊成形又可分为凸模成形、凹模成形和切边等工艺。凸模和凹模成形就是让橡皮囊相当于凹模或凸模，让工作台上的模具充当凸模或凹模。切边工艺是让模具的边角更尖锐，同时拉伸的深度要足够，这样就可以进行切边工艺。瑞典 AVURE 公司生产的橡皮囊液压成形机床如图 2.16（b）所示，其工作台面最大达到 1.8m×4m，成形压力最大达到 140MPa。

2.2.5　喷丸成形装备

喷丸成形技术是利用高速弹丸流撞击金属板材的表面，使受撞击的表面及其下层金属材料产生塑性变形而延伸，从而逐步使板材发生向受喷面凸起或凹下的弯曲变形而达到所需外形的一种成形方法。如果零件曲率过大，自由喷丸无法成形其外形，就需要预应力喷丸。喷丸成形过程如图 2.17（a）所示。

德国 KSA 公司与瑞士 BaikerAG 合作为空客公司提供了世界上最大的喷丸成形机床，见图 2.17（b），其喷丸室尺寸为 13.5m×4.5m×6m，可成形 11m×3.1m×1.5m 尺寸的零件。搭载喷丸头的机器人在 6 个自由度上的定位精度可达 0.1mm。

(a) 喷丸成形过程　　　　　　　　　　(b) 世界上最大的喷丸成形机床

图 2.17　喷丸技术及成形机床

美国金属改进公司（Metal Improvement Company，MIC）将预应力喷丸成形技术成功地应用到 A380 超临界机翼下壁板的成形上，该壁板无论是在长度上，还是在厚度上，都是目前喷丸技术研究在机翼整体壁板成形方面所遇到的最大挑战。加拿大 NMF 公司通过先进喷丸技术与预应力和温成形技术相结合的方法，成功地实现了以色列飞机工业公司（IAI）设计的银河（Galaxy）中型公务机机翼带筋整体壁板的喷丸成形，具体如图 2.18 所示。

德国 ROSLER 公司是欧洲先进的数控喷丸

图 2.18　带筋整体壁板的喷丸成形

强化设备的代表，提供具有加强筋条的大型数控喷丸强化设备，如图 2.19（a）所示。零件在储存室和喷丸强化室之间采用先进的自动化控制技术，使得整个喷丸强化过程的效率更高和生产更加灵活。另外，ROSLER 公司还提供其他类型的航空结构件喷丸强化设备，开发了湿式喷丸强化设备，如图 2.19（b）所示。湿式喷丸强化设备具有一个多漏斗系统用于玻璃丸的清洁与分选。喷丸介质为玻璃弹丸与水按一定的比例混合，通过具有高耐磨性的泵将丸料/水混合液通过喷头喷出，湿式喷丸具有能够使用非常细小的弹丸且无粉尘、碎片少、表面夹杂风险小的优点。

(a) 大型数控喷丸强化设备　　　　　　　　　　(b) 湿式喷丸强化设备

图 2.19　德国 ROSLER 公司喷丸强化设备

国内的喷丸设备研制工作主要集中在北京航空制造工程研究所，先后研制出了 SPW-1、SPW-2、SPW-3 等型号的喷丸设备，以 SPW-3 为例，该设备外形尺寸为 8000mm×7000mm×3500mm，主要用于零件表面喷丸强化，采用西门子数控系统，具有控制准确、强化重复性好的优点，强化过程中使用双喷嘴玻璃弹丸，可喷丸强化零件的最大尺寸为 1000mm×800mm。

昆山开信公司生产的喷丸强化机床是国内先进喷丸机床的代表，如图 2.20 所示。其生产的喷丸机床配置 Siemens、FANUC 数控系统驱动喷枪运动和工件运动，可以实现多轴联动控制。并且喷丸压力由数字闭环控制，精度达到 ±1%，设置有程控停机极限。同时配置双层连续式弹丸发生系统，可自动添加弹丸。

图 2.20　昆山开信公司的数控喷丸机床

2.2.6　蠕变时效成形装备

　　蠕变时效成形过程同时包含了应力松弛和人工时效过程。应力松弛用于产生永久变形，有利于减少成形后的回弹量，提高贴模度。人工时效过程能够提高金属材料的抗拉强度、屈服强度和硬度，增加材料的疲劳寿命。由于时效成形过程中变形应力水平低，设备工装具有柔性和通用性且成本低，成为解决厚蒙皮或壁板类大型复杂钣金零件精密成形的有效工艺方法。空客公司采用蠕变时效成形技术，成形了世界上最大商用客机 A380 的机翼壁板，壁板长 33m、宽 2.8mm、厚度为 3～28mm，双曲率气动外形设计，装配容差要求控制在 0～1mm，压力为 0.85MPa，温度为 150℃，24h 生产一件外形合格的机翼壁板。其采用的热压罐（图 2.21）有 300t 重，直径为 6m，长度为 42m，长度方向

图 2.21　热压罐

包括 9 个独立控制的加热单元，以保证在整个热压罐内温度控制误差在 3℃ 以内。

2.2.7　充液成形装备

　　根据成形对象不同，充液成形可分为管材充液成形与板材充液成形两种工艺。德国 SCHULER 公司开发了专用的管材液压胀形装备。板材充液成形又可分为主动充液成形和被动充液成形。意大利 MURARO 公司开发了专用的主动充液成形机床（图 2.22）。瑞典 APT 公司开发了专用的被动充液成形机床（图 2.23）。

　　图 2.22　主动充液成形机床　　　　　图 2.23　被动充液成形机床

2.2.8　热冲压成形装备

热冲压成形工艺分为非等温热冲压工艺和等温热冲压工艺。非等温热冲压工

艺指只加热模具或只加热板料的成形工艺。而等温热冲压工艺指模具和板料都加热到同一温度，然后进行成形的工艺，后者在航空领域应用非常广泛。法国 ACB、美国 Cyril Bath 和 Accudyne 等公司都制造这种专用热冲压成形设备，如图 2.24 所示。

图 2.24　热冲压成形设备

2.2.9　超塑成形/扩散连接装备

超塑成形/扩散连接（SPF/DB）组合工艺则是利用材料在超塑性状态下良好的固态黏合性能而发展起来的一种组合工艺技术，它能在零件超塑成形的同时完成零件某些部位的扩散连接，从而成形出形状十分复杂的高性能整体构件。该技术的实现改变了传统飞行器结构件所使用的铆接、螺接、胶接等形式，降低了零件整体重量，使复杂薄壁零件整体化，缩短了制造周期，提高了零件整体性能。

为了减轻结构重量、提高整体性能，英国 Aeromet、美国 Nordam 等公司在发动机及短舱的薄壁结构制造方面采用了超塑成形/扩散连接工艺，SPF/DB 构件在航空发动机上的应用包括检修舱门、短舱壁板、喷管挡板等。其中，波音研制的 SPF/DB 发动机尾喷口热挡板，比铸造结构减重 15%，节约成本 15%，如图 2.25 所示。

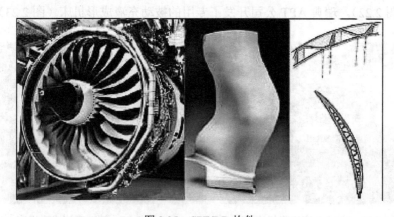

图 2.25　SPF/DB 构件

2.3　复合材料构件成形装备

先进复合材料的应用对飞机结构轻质化、小型化和高性能化起着至关重要的作用。复合材料结构特点和应用效果使得其在高性能战斗机实现隐身、超声速巡航、过失速飞行控制等方面发挥作用，复合材料技术现已成为影响飞机发展的关键技术之一。

早期飞机复合材料构件制造大部分采用手工铺放，劳动强度大，材料浪费严重，生产率低下，产品质量保证困难。随着复合材料构件在现代大型飞机上广泛应用，完全人工铺放及半自动人工铺放工艺已难以满足实际需要，亟须应用自动化铺放设备来提高生产效率，增加产量，改善制造过程的可控性，减少材料浪费，降低成本以及提高产品质量，从而推动了飞机复合材料构件制造设备的重大发展与创新，产生了自动铺带机和自动铺丝机。

复合材料构件成形装备主要包括：纤维缠绕成形装备、自动铺带成形装备和自动铺丝成形装备。

2.3.1　纤维缠绕成形装备

纤维缠绕成形工艺是将浸过树脂胶液的连续纤维（或布带、预浸纱）按照一定规律缠绕到芯模上，然后经固化、脱模，获得制品。纤维缠绕成形时，芯模做自转和公转两个运动，绕丝嘴固定不动。芯模快速旋转时，绕丝嘴沿垂直地面方向缓慢地上下移动，此时可实现环向缠绕，适用于短粗筒形构件的成形。

纤维缠绕成形装备以纤维缠绕机为核心，由主轴、丝嘴、运动机构、张力测控系统及辅助系统等部分组成，图 2.26 为纤维缠绕成形装备。缠绕机分为机械式缠绕机、程序控制式缠绕机和微机控制式缠绕机。

机械式缠绕机成本低、可靠性高、专用性强，靠执行机构间的机械传动关系实现设计线形的缠绕，多针对具体产品形状或缠绕线形专门设计制造。随着制品结构形状及尺寸的不同，纤维纱片在芯模表面上的排布规律（也称线型）不同，因此导丝头与芯模相对运动也不同，芯模转速与导丝头的移动速度有严格的速比关系。由于运动轴数有限且单靠齿轮、链条布局进行控制使许多计算不能精确实现，所以缠绕精度比较低。机械式缠绕机按照产品可分为管道缠绕机、容器缠绕机。

程序控制式缠绕机的特点是采用了液压伺服电机，同时还可用拨码开关作数据输入，改变参数相对容易。不足之处在于拨码开关只能存储少量信息，非线性缠绕仍需加工凸轮，因而比较麻烦。根据程序控制装置的不同可分为数字控制，

图 2.26　纤维缠绕成形装备

该控制以断续数字量来控制或在信息处理上要求对数字进行运算；模拟控制，该控制以连续模拟量来控制或在信息处理上不进行数字运算。

目前国内所用的缠绕机都是数字控制的。随着电子技术的发展，微机控制式缠绕机应运而生。微机控制式缠绕机的特点是采用软件先计算纤维轨迹，再求解缠绕机各坐标轴成形轨迹。软件和计算机数字信号控制的优势在于便于控制纤维缠绕时零件的弯曲部位。微机控制式缠绕机与机械式缠绕机的根本差别在于执行机构动力源均采用独立的伺服电机，用计算机控制伺服电机的转动，因此可实现复杂的多轴运动，完成各种线形的缠绕，计算机还可以存储很多零件缠绕程序，使用更方便灵活。微机控制缠绕机的执行机构采用精密传动器件，精度高、速度快。

纤维缠绕技术向着高层次的机械化、自动化方面发展，从而实现自动化缠绕成形。利用计算机控制机器人的连接臂和腕关节来执行各种复杂线形的缠绕操作，控制缠绕线形、张力和缠绕速度等工艺参数，如利用机器人通过压铸模沿被加工件应力方向缠绕树脂浸渍的粗纱。

2.3.2　自动铺带成形装备

随着复合材料在飞机上应用比例的逐步增大，复合材料构件尺寸增加，传统手工铺叠的方法已经远远不能满足大尺寸结构件研制生产的需要。当复合材料零件尺寸较大时，人工铺叠难度相应增大、成形效率低、产品质量也难以保障，因此，相应的自动铺带技术应运而生。

自动铺带技术采用有隔离衬纸的单向预浸带，在铺带头中完成预定形状的切割、定位，加热后按照一定设计方向在压辊作用下，直接铺叠到曲率半径较大且变化较缓的模具表面。铺带机多采用龙门式结构，其核心部件是铺带头，需完成超声切割、夹紧、衬纸剥离和张力控制等功能。采用自动铺带技术制造的飞机复合材料构件的主要有 F-22（机翼）、波音 777（全复合材料尾翼、水平和垂直安定面蒙皮）、C-17（水平安定面蒙皮）、V-22（旋翼蒙皮）、空客 A330/空客 A340（水平安定面蒙皮）和空客 A380（安定面蒙皮、中央翼盒）等。

　　与一般复合材料自动化成形技术（拉挤、缠绕、模压、RTM[①]、编织等）不同，自动铺带机不仅要精确地控制铺带头运动轨迹，而且要实现铺带头内部预浸带输送、铺放和切割等运动，并可对预浸带质量（宽度、夹杂、缺纱等）、预浸带进给、切割质量、成形温度、成形压力和铺带间隙等技术指标进行精确控制。故自动铺带机不但需要明显高于其他复合材料自动化设备的加工精度和运行平稳度，而且需要更强大的控制功能和灵活性（多轴插补、多 I/O 控制点、多模拟量控制）。

　　目前，工程化应用的自动铺带设备有卧式结构和立式结构。卧式结构适合铺叠回转体零件，在航天领域的火箭筒段应用较多，该类设备与缠绕类似。现阶段广泛应用于航空复合材料制造领域的是立式自动铺带设备，如图 2.27 所示，此类设备适合铺叠开敞式复合材料壁板。

图 2.27　美国 Cincinnati 公司立式自动铺带设备

　　波音和空客是航空复合材料制造的佼佼者，在其大型客机的制造过程中大量采用立式自动铺带设备制造大型机翼、尾翼等蒙皮结构。如波音 777 飞机机翼、水平和垂直安定面蒙皮，C-17 运输机的水平安定面蒙皮，波音 787 机翼蒙皮，空客 A330 和空客 A340 水平安定面蒙皮，空客 A340 尾翼蒙皮，空客 A380 的机翼蒙皮和安定面蒙皮，空客 A350 机翼蒙皮和中央翼盒，空客 A400M 机翼蒙皮等，图 2.28 为 A350XWB 自动铺带设备。

---

① 树脂传递模塑（resin transfer molding，RTM）

图 2.28 A350XWB 自动铺带设备

美国 Cincinnati 公司、Ingersoll 机床公司、西班牙 M-Torres 公司以及法国 Forest-line 公司等机床制造商均积极推出了各具优势的复合材料自动铺带设备。西班牙 M-Torres 公司以通用的 FANUC 数控系统为平台，开发最大控制轴数为 11 的自动铺带数控系统 Torreslayup，并采用了模块化设计技术，可根据用户需求进行配置。针对铺带机铺放效率仍显不足的现状，西班牙 M-Torres 公司研发多带平行铺放铺带系统，每条料带可单独控制，已用于 A350 机翼蒙皮的制造。

自 2008 年以来，南京航空航天大学致力于产学研结合，持续开发自动铺带技术，优化自动铺带机构型与控制，研究了具有复杂外形轮廓和边界构件的铺带轨迹规划高效算法，研究了自动铺带工艺窗口和黏结性控制及热塑性铺放等，陆续研制了大型筒段专用自动铺带机，用于各类装备研制与批量生产，如图 2.29（a）所示。同时南京航空航天大学与上海重型机床厂和上海飞机制造公司合作，于 2014 年研制了面向大型客机平尾的自动铺带试验机，完成了平尾蒙皮自动铺带验证，如图 2.29（b）所示。

(a) 大型筒段专用自动铺带机

(b) 大型客机平尾的自动铺带试验机

图 2.29 碳纤维自动铺带机

国内航空企业方面已经开始引进大型铺带机，材料的制备工艺也取得了突破性的进展，但是工艺研究方面与国外先进技术还有差距，在自动化、数字化、标准化发展的方向上，还需要借鉴国外先进的经验和技术。特别是要从最初的复合材料结构设计开始，考虑自动化带来的效益，实施面向材料与制造的结构设计理念，才能加快复合材料自动化制造技术应用，造出更轻、更快、更安全、更节能的大飞机。

2.3.3　自动铺丝成形装备

自动铺丝技术综合了自动铺带和纤维缠绕技术的优点，由铺丝头将数根预浸纱在压辊下集束成为一条由多根预浸纱组成的宽度可变的预浸带后铺放在芯模表面，经过加热软化后压实定型。铺丝技术适用于曲率半径较小的曲面产品表面制备，铺设时没有褶皱，无须作剪裁或其他处理。铺丝可以代替铺带，相对于铺带，它的成本较高，效率也低一些，但复杂的曲面表面必须用铺丝工艺完成。自动铺丝技术的典型应用包括：S 形进气道、中机身翼身融合体蒙皮直至带窗口的曲面、大型客机波音 747 及波音 767 的发动机进气道整流罩，波音 787 机身则全部采用复合材料自动铺丝技术分段整体制造。

为适应航空飞机制造业这种实际发展需求，国外一些大型数控机床制造商，如 M-Torres、Cincinnati、Ingersoll 和 Googrich 等公司借助其在大型数控机床结构设计技术方面的优势，纷纷推出高铺放进给率的新一代大型高端丝束铺放机，其结构尺寸越来越趋向大型化。

美国 Cincinnati 公司生产了多种 Viper 系列的丝束铺放机，机型已从 Viper 1200、Viper 3000 升级到 Viper 6000，特别适合于高轮廓的结构如整流罩、机身部分、风机叶片、桅杆和 C 型梁等。波音 787 机身 47 段和 48 段，A350 XWB 机身蒙皮等都采用了 Viper 6000 丝束铺放机。图 2.30 为 Cincinnati 公司 Viper 丝束铺放机。

图 2.30　Cincinnati 公司 Viper 丝束铺放机

Ingersoll 公司改变传统丝束铺放机床结构设计,推出了一种新概念的丝束铺放机床,取消了传统丝束铺放机旋转芯轴驱动芯模转动的设计,这种结构可明显地减少传统丝束铺放机尺寸,增强窄腔复材构件的铺放加工能力,并能显著地减少设备车间占地面积。Googrich 公司准备应用这种新概念机床来进行 GEnx 和波音 787 的 Trent1000 发动机短舱复合材料内涵道支撑结构件的自动化生产。

自 2013 年以来,南京航空航天大学已研制多台 16 丝束、24 丝束大型铺丝机和 8 丝束铺丝机器人,如图 2.31 所示。南京航空航天大学与应用单位紧密合作开展产学研,完成了火箭舱段、卫星承力筒及尾锥试验件等自动铺丝研制,实现了自动铺丝技术工程化应用。

(a) 基于工业机器人的铺丝机　　　　　　　　　(b) 大型舱段自动铺丝机

图 2.31　南京航空航天大学研制的铺丝机

2.4　自动化装配工装与装备

飞机制造过程的重要一环是飞机的装配,飞机装配是将大量的飞机零件按工艺路线进行组合、连接的过程,完整的飞机装配过程大致可以分为以下三个阶段。

首先将零件先装配成组合件,如一块机翼壁板、一个登机门、垂尾、副翼、升降舵、方向舵、口盖等。然后由组合件组装成大部件,如由几块机身壁板组装成一个机身中段,以及由垂尾、后机身和尾椎等组装成尾段等。最后,将各大部件对接装配成完整的飞机机体。

在整个飞机自动化装配过程中,要准确地确定装配件之间的相对位置,用一定的连接方法将装配件连接在一起,主要包括定位、制孔、连接等过程,运用到的装备多种多样,大体可以划分为三大类:柔性装配工装、先进制孔装备、自动钻铆装备。

2.4.1　柔性装配工装

柔性工装技术是基于产品数字量尺寸协调体系的可重组的模块化、自动化装配工装技术，其目的是免除设计和制造各种零部件装配的专用固定型架、夹具，可降低工装制造成本、缩短工装准备周期、减少生产用地，同时大幅度提高装配生产率。

柔性工装一般具有柔性化、数字化、模块化和自动化的特点。柔性化表现在工装具有快速重构调整的能力，从而一套工装可以用于多个产品的装配，这也是柔性工装的最根本特点；数字化体现在从设计、制造、安装到应用均广泛地采用数字量传递方式，是一种数字化的工装；模块化体现在柔性工装在硬件上主要由具有模块化结构特点的单元组成，模块化结构单元的重构实现了工装的柔性；各模块化单元可自动调整重构，体现了柔性工装自动化的特点。因此，通过应用柔性工装可以缩短飞机装配的制造时间，提高装配质量，并减少工装数目，实现"一型多用"的制造模式。

目前国内外所应用的柔性夹具主要有气动、液压、电传柔性夹具。柔性夹具集机械、电气、气动和控制等方面的学科为一体，将电传、气动随行固持加工等技术相结合，可以实现对被加工产品的快速定位、装夹以及加工过程对零件压紧件的随行功能，提高了产品加工质量和加工效率，实现工艺装备与机电、气动及软件同步控制的高效集成，主要应用于飞机壁板类组件的定位夹紧，然后通过钻铆、胶接或螺接等连接方法对零件进行装配连接。

与传统的装配工装不同，国外装配工装已经发展成柔性自动化装配工装，主要包括行列式柔性装配工装、多点阵真空吸盘式柔性装配工装、分散式部件柔性装配工装等几类。

1. 行列式柔性装配工装

行列式柔性装配工装是一种由多个行列式排列的立柱单元构成的工装，各立柱单元为模块化结构，独立分散排列，每个立柱单元上装有夹持单元，夹持单元一般具有 3 自由度的运动调整能力，从而可通过调整各立柱单元上多个夹持单元排列分布，来实现对不同飞机零件的装配。行列式柔性工装结构原理如图 2.32 所示。

行列式柔性装配工装（图 2.33）适用于飞机壁板类和翼梁的装配，行列式柔性工装已广泛地用于空客系列飞机的机翼壁板和波音大型军民用飞机翼梁的柔性装配生产中。在空客系列飞机机翼壁板柔性装配工装上可完成 A330/A340/A319/A320/A321/A300 等系列飞机机翼壁板的装配，它具有模块化、数字化、自动化的特点。

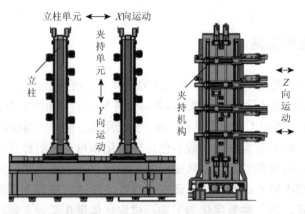

图 2.32　行列式柔性工装结构原理

图 2.33　行列式柔性装配工装

2. 多点阵真空吸盘式柔性装配工装

针对高协调要求的骨架零件定位，在具体定位过程中，可以采用 POGO 柱或并联式柔性柱。将定位环节使用的定位器安装在 POGO 柱或柔性工装上，在安装过程中，需要注意定位器的角度和位置都可以通过柔性工装的连杆长度进行调整，或者通过 POGO 柱的具体运动情况加以确定，同时为了确保最终定位结果的准确性，可以利用数字化测量设备，进行校准。类似于骨架零件定位装备，在柔性工装层面上以多点阵真空吸盘式为代表。

多点阵真空吸盘式柔性装配工装的模块化单元为带真空吸盘的立柱式单元，其在空间具有 3 个方向的运动自由度，通过控制立柱式单元生成与壁板组件曲面外形一致并均匀分布的吸附点阵，利用真空吸盘的吸附力，能精确和牢固地夹持壁板以便完成钻孔、铆接和铣切等装配工作。当壁板外形发生变化时，工装外形和布局自动调整，通过改变定位和夹紧位置，可适应不同零部件结构和定位夹装要求，从而降低了综合成本，也缩短了工装准备周期和产品的研发周期。

根据产品装配方式的不同，多点阵真空吸盘式柔性装配工装可分为立式、环式和卧式。立式和环式结构主要用于机身壁板类组件的装配，卧式结构则用于一些复合材料的水平尾翼和垂直尾翼的装配。根据不同的运动调整需求，多点阵真空吸盘式柔性装配工装又可分为多轴式和单轴式结构，如图 2.34所示。

(a) 多点阵真空吸盘式柔性装配夹具　　　　　(b) 多点阵真空吸盘式柔性切边夹具

图 2.34　多点阵真空吸盘式柔性装配工装

多点阵真空吸盘式柔性装配工装在应用时，驱动数据采用理论数据。工装工作流程如下：首先根据装配件数模及工装数模计算得到工装理论驱动数据，然后将理论驱动数据传给控制系统，控制各模块化单元迅速调形重构，生成与壁板曲面符合并均匀分布的点阵；模块化单元调整到位后，根据零件上的定位特征和工装的定位特征使零件上架；真空系统启动，可靠地吸附夹紧零件，完成装配。自20 世纪 90 年代初开始，多点阵真空吸盘式柔性装配工装已广泛地应用于波音公司、麦克唐纳·道格拉斯公司、诺思罗普·格鲁曼公司、英国宇航公司、欧洲宇航防务集团、空中客车公司、庞巴迪宇航公司等军民用飞机的柔性装配和生产中。德国 BROETJE 公司开发的机身集成装配系统采用基于模块化的 POGO 柱单元的柔性工装、自动钻铆和环铆设备，并在波音 737、波音 C-17、空客 A380、波音787 等飞机机身壁板装配上得到了应用。

3. 分散式部件柔性装配工装

分散式部件柔性装配工装是一个集成了定位器、定位计算系统（或者为图像操作界面）、控制系统（包括人机操作界面）和数字化测量设备的综合集成系统，具有结构简单、开敞性好、占地面积小、可重组等优点，如图 2.35 所示。

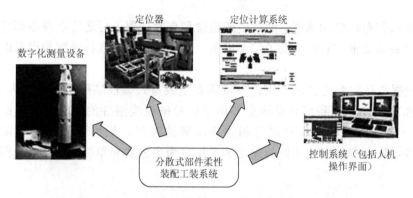

图 2.35　分散式部件柔性装配工装系统（梁家海和陈海，2008）

分散式部件柔性装配工装系统主要用于机身部件或机翼部件的装配，在应用过程中，采用的是优化的工装驱动数据，工装首先根据待装配部件的数模计算出工装的理论驱动数据，构成部件的各组件安装到定位器上，然后定位器在控制系统驱动下，到达理论位置，此时利用激光跟踪仪测量各组件的实际位置数据，将其值与理论位置数据进行比较，如果符合公差要求，将进行装配，如果不符合，则需要重新计算定位位置，重新调整定位器，直到满足装配误差要求。

当前应用广泛的两个分散式柔性工装系统是 M-Torres 公司的 MTPS 和 AIT 公司的自动定位准直系统 APAS。前者在空客系列飞机的机身部件装配及运输机 A400M 的机翼部件装配中得到了应用，后者则在波音 747 的机身部件装配中得到了应用。

2.4.2　先进制孔装备

制孔加工是飞机装配过程中的重要工作之一。生产效率的高要求，加工质量、精度的苛刻标准，以及复合材料、钛合金等难加工材料的大量使用，使得飞机装配制孔技术不断面临新的挑战，而且飞机结构件通常尺寸庞大，结构复杂，装配制孔很难在通用数控加工设备上进行，往往需要开发大型专用数控设备。因此，开发先进制孔设备成为解决当下飞机装配制孔难题的途径之一。经过几十年的发展，国内外开发出多种先进制孔设备，主要分为三大类：自动制孔设备、超声振动钻孔设备、螺旋铣孔设备。

1. 自动制孔设备

自动制孔装备是飞机柔性装配技术的一个重要应用和研究方向，利用自动制孔装备进行自动精密制孔，改善各连接点的技术状态（表面质量、配合性质、结构形式等），可以很好地满足现代飞机制造高寿命、高质量、高速度、低成本的要求。

随着科学技术的不断发展，在现代飞机柔性化装配过程中出现了大量的新型自动制孔设备，这些设备具有高柔性特性，执行机构精准，很好地完成了对飞机自动化精密制孔的支持，目前新型自动制孔设备主要分为三大类：自动制孔机床、机器人自动制孔设备、柔性导轨自动制孔设备。

1）自动制孔机床

自动制孔机床按结构形式分类，可以划分为龙门式、托架式、单立柱式。

龙门式自动制孔机床主要以 D 型钻铆机、机身环铆数控机床为主，这类机床的主要特点为壁板固定不动或者只相对机床本体平动，机床本体为龙门式结构并装备有可进行空间五坐标运动的末端执行器，制孔过程中壁板不做空间运动，因此可以将重力影响减少到最低。龙门式自动制孔机床一般体积较大，刚度强并且稳定性较好，可以满足硬质材料或复合材料壁板的大孔径钻铆、机身机头等大部件拼接制孔环铆等其他普通自动制孔机床所不能完成的工作。

龙门式自动制孔机床主要分为固定式自动制孔机床、立柱式自动制孔机床两类。龙门式自动制孔机床如图 2.36 所示。固定式自动制孔机床本体固定不动，产品壁板在传动系统带动下沿水平方向运动，然后由末端执行器完成制孔工作，该系列自动制孔机床自动化程度与柔性化程度较高，可以进行 360°制孔。立柱式自动制孔机床将待装配制孔的壁板竖直放置在立柱上，立柱固定不动，自动制孔机床主体沿导轨水平运动，完成自动制孔工作。该系列自动制孔机床可以完成机翼、机身壁板的自动制孔工作，柔性化相对较低，不能满足机身机头拼接制孔工作的需求，但该系列自动制孔机床比较适合自动化流水线，壁板制孔和壁板装夹工作可以同时完成，批量化生产效率较高。

(a) 固定式自动制孔机床　　　　　　　　　　　　(b) 立柱式自动制孔机床

图 2.36　龙门式自动制孔机床（严秋白，2016）

托架式自动制孔机床以 C 型钻铆机为主，这类自动制孔机床的主要特点是装备有托架系统，托架装载着壁板在空间中运动，保证制孔主轴始终处于待钻孔点的法向。托架式自动制孔机床可以自动完成壁板的定位、夹紧、钻孔/锪窝、涂胶、送钉、铆接/安装、铣平等装配工艺操作。托架式自动制孔机床如图 2.37 所示，主要由自动制孔机床本体、机床本体移动工作台、托架、工件定位夹紧装置、控制系统等组成，可以实现飞机大型壁板快速、高效、精确装配，提高装配质量和装配效率。

图 2.37　托架式自动制孔机床

单立柱式自动制孔机床的典型特征为末端执行器吊装在单立柱上，结构形式近似于机器人自动制孔设备，末端执行器在单立柱上完成五轴运动，调整空间位姿完成对产品壁板的自动制孔工作。单立柱式自动制孔机床结构相对简单，操作简便并且效率高，造价较低，因此在小批量产品壁板钻孔的工作中具有广泛的应用，柔性度较高。但是单立柱式自动制孔机床为单面制孔，不可避免地造成壁板变形，并且不具备进行铆接、螺接的能力，仅能完成小型孔的制孔工作。

单立柱式自动制孔机床如图 2.38 所示，主要由支撑单立柱、末端执行器、视

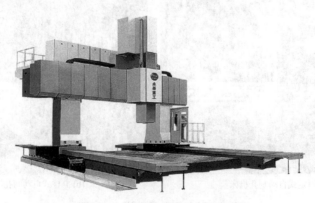

图 2.38　单立柱式自动制孔机床

觉系统、导轨系统等组成，该类型自动制孔机床成功地应用于 A380、A400 机翼的小批量制孔工作。

2）机器人自动制孔设备

机器人自动制孔技术是飞机柔性装配技术的一个重要应用和研究方向，相对于传统五坐标自动制孔机床，机器人自动制孔设备占用工厂面积较小，柔性度较大。机器人制孔系统一般采用产品壁板不动而机器人移动的方式，灵活性较好，也能够很好地适应产品对象，同时可以极大地提高制孔效率和精度。机器人自动制孔系统是一套复杂的系统，通常包括用于制孔加工的末端执行器、用于定位夹持工件的装夹机构、将末端执行器输送至制孔位置的运动执行机构以及为完成制孔所需的其他辅助装置等。图 2.39 中展示了机器人自动制孔系统组成结构。

图 2.39　机器人自动制孔系统组成结构

根据飞机装配具体工况和制孔要求的不同，国内外研制了多种结构形式的机器人制孔设备，并已被大量地运用到生产中。利用特制的多轴数控装置搭载制孔末端执行器是一种典型的全自动制孔方式。制孔系统的柔性通过多轴数控装置实现，切削加工通过末端执行器完成。工作时首先确定待加工孔位置，然后通过多轴数控装置将末端执行器运送到指定的加工位置后，由末端执行器上安装的主轴单元进行制孔加工。

美国 Electroimpact 公司和德国 BROETJE 公司均有成熟的自动制孔设备。特制的多轴数控装置具有很好的定位精度与结构刚性，但其制造成本高，生产周期长。国外一些公司利用工业机器人替代特制多轴装置，搭载专用制孔末端执行器，研制出了机器人制孔设备。应用最多的为 6 关节串联机器人，它具有非常好的柔性，配合直线导轨可以在大范围内移动，且价格低廉，技术成熟。工业机器人的应用降低了自动制孔设备的设计难度，节约了研制成本。图 2.40（a）为德国 BROETJE 公司生产的机器人自动制孔设备，图 2.40（b）为美国 Electroimpact 公司生产的机器人自动制孔设备，图 2.40（c）为瑞典 Novator 公司生产的机器人自动制孔设备。上述自动制孔设备虽然结构各异，但其设计的共同出发点在于提高制孔系统的柔性，能够快速地适应不同加工零件，并最大限度地对生产所需的不同工艺进行集成，实现装配过程的高度自动化，提高生产效率。在国外发达国家的飞机装配过程中，全自动的先进制孔技术和装备经过几十年的发展已趋于成熟，得到广泛的应用。在制孔加工过程中，人的参与程度越来越少，自动化程度越来越高。除制孔加工本身外，其他制孔之前的准备工作，例如，零件的运输、定位、固定等，以及制孔之后的后续工作，包括加工质量检测、铆钉装配等，也已经实现高度自动化。

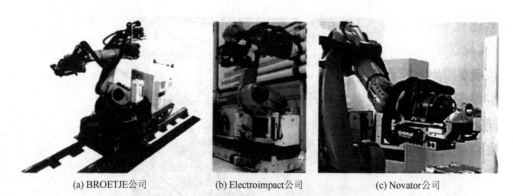

　　(a) BROETJE公司　　　　　(b) Electroimpact公司　　　　　(c) Novator公司

图 2.40　机器人自动制孔设备（康仁科等，2016）

3）柔性导轨自动制孔设备

　　柔性导轨自动制孔设备是一种用于飞机自动化装配制孔的便携式自动化设备。一般机身和机翼都有大量的平缓曲面（如飞机机身段对接区及主翼盒），柔性导轨自动制孔设备可以通过导轨的真空性吸盘吸附在壁板表面，并且可以完成任意角度的稳定吸附，根据需要完成钻孔、锪窝、法向检测、照相定位、刀具检测、压脚压紧及真空吸屑等工作。相对于传统的五坐标数控自动制孔机床、机器人自动制孔设备等设备，柔性导轨自动制孔设备具有无须占用厂房面积、价格便宜、重量轻、便携移动式、导轨可根据需要拼接延长、柔性度高等特点，因此在机翼和机身装配的自动制孔中得到了广泛应用。

　　柔性导轨自动制孔设备如图 2.41 所示，主要由制孔系统、真空吸盘柔性导轨、运行底座、视觉系统、法向找正系统组成。数控程序控制柔性导轨自动制孔设备的底座和钻孔主轴的运动，可以针对多种层合板结构钻削多种形式的孔而不需要传统的专用夹具和多工位组合。

图 2.41　柔性导轨自动制孔设备

目前已经有多款柔性导轨自动制孔设备投入实际应用。根据应用的飞机产品对象不同，柔性导轨自动制孔设备主要可以分为双轨道加工制孔设备、宽站位制孔设备、偏置制孔设备、高扭矩制孔设备，如图 2.42 所示。

双轨道加工制孔设备如图 2.42（a）所示，主要应用于机翼壁板中长桁与蒙皮或梁的连接，该设备可以同时进行双排高精度制孔，将一根长桁的两排制孔连接工作一次性完成，最大限度地减少了连接变形和误差累积，同时提高了效率。

宽站位制孔设备如图 2.42（b）所示，主要应用于机身壁板的制孔连接，较宽的跨度使得该机构可以在一个站位内覆盖较大的区域，在一个站位内最大限度地完成制孔工序，避免了传统机身制孔所需要的巨大的操作空间或巨型龙门机床。

偏置制孔设备如图 2.42（c）所示，主要应用于产品的边缘部位，如机翼前沿、机身壁板、梁的前沿等普通自动制孔设备难以达到或者夹持困难的部位。该类型机械臂可以根据需要自动设定钻孔区域离轨道的距离，从而避免了传统方式对该区域的补钻工序。

高扭矩制孔设备如图 2.42（d）所示，主要应用于钻削特殊材料（某些硬质材料或复合材料等）和较大孔径。该类型机器人已经广泛地应用于波音 787 壁板中一些较大孔的钻削工作。

在当今工厂自动化智能化潮流的要求下，飞机制造系统的集成化、智能化一直是业内研究的热点。智能爬行机器人如图 2.43 所示，是一种非关节式多足机器人，主要由制孔主轴系统、视觉系统、法向找正系统、吸盘运动系统、驱动调姿系统组成，该类型机器人行走运动不是靠关节实现的，而是由丝杠驱动，足上吸盘将设备吸附在工件表面进行制孔作业，通过机器视觉识别工作区域，随后根据需要进行自动制孔和焊接等操作。

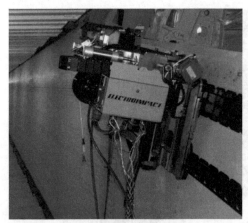

(a) 双轨道加工制孔设备

(b) 宽站位制孔设备

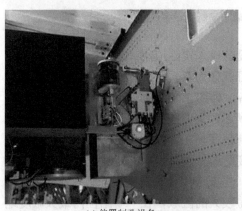

(c) 偏置制孔设备

(d) 高扭矩制孔设备

图 2.42　柔性导轨自动制孔设备分类

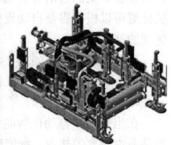

图 2.43　智能爬行机器人（林琳和夏雨丰，2011）

　　智能爬行机器人可用于绝大多数航空航天材料（铝合金、碳纤维、玻璃纤维、Kevlar 纤维等），特别适于机身蒙皮的制孔，同时还适用于其他各种几何形状飞机部件的装配制孔，具有便携、重量轻、速度快、可靠性高的特点，能够满足飞机制造工业的特定需求，然而智能爬行机器人的偏心制孔能力很差，因此该设备主要应用于机身壁板的较平缓曲面的钻孔。

2. 超声振动钻孔设备

随着技术的发展，超声波的应用越来越广泛，它通过自身的一些特性一步步奠定了在切削、拉丝模、深小孔加工等方面的地位。超声振动制孔属于复合加工范畴，能够使工具以很小的力轻轻作用在工件上，由换能器产生超声频的纵向振动，并借助于变幅杆将振幅放大，驱动工具端面做超声振动，迫使工作液中悬浮的磨粒以很大的速度和加速度不断地撞击、抛磨被加工表面。

然而超声波振动钻孔技术的应用目前还处于不成熟阶段，实际生产线上的钻孔设备还比较少。针对飞机装配钻孔的设备还处于研制阶段，现有的设备还主要为数控加工中心。其中超声振动加工中心如图 2.44 所示，该类机床主轴转速为 3000～40000r/min，特别适合加工陶瓷、玻璃、硅等硬脆材料，与传统加工方式相比，生产效率提高了 5 倍，加工表面粗糙度 $Ra < 0.2\mu m$，可加工 0.3mm 精密小孔，堪称硬脆材料加工设备性能的新飞跃。

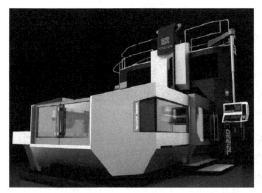

图 2.44　超声振动加工中心

将超声辅助加工技术应用于飞机装配制孔中也需要专用加工设备的支撑。由于开发整套自动制孔设备投入巨大，国内外更倾向于对现有制孔设备进行改造，通过安装功能附件的形式使原有设备获得超声振动功能。一种方法为研制带有超声振动功能的电主轴，将超声振动系统集成到主轴内部；另一种方法为研制带有超声振动功能的刀柄，将超声振动系统集成在刀柄内。超声主轴的方案对原有设备改动较大，实施困难；超声振动刀柄的方式最适合对现有制孔设备的改装，不改变其原有结构与功能，因此具有更好的应用前景。

3. 螺旋铣孔设备

螺旋铣削制孔是采用特制立铣刀，通过铣刀高速旋转（自转）形成主切削运动，并通过铣刀沿孔轴向的直线进给运动和绕孔轴线的圆周进给运动（公转）形成螺旋轨迹进给，在工件上铣削出大于刀具直径的圆孔，在切削过程中，通过改变刀具中心轴与孔轴线之间的偏心距可以实现不同孔径的制孔要求。螺旋铣孔原理如图 2.45 所示。

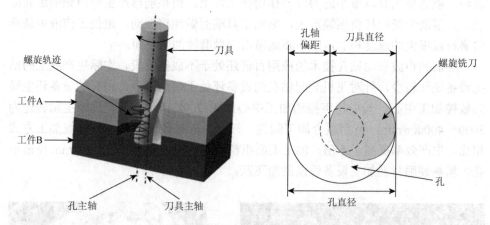

图 2.45　螺旋铣孔原理

可以看出螺旋铣孔主要有以下三个特点。

首先，刀具中心的轨迹是螺旋线而非直线，也就是说刀具中心与所加工孔的中心不重合，是偏心加工过程。孔的直径与刀具的直径不一样，突破了传统的钻孔一把刀具加工同一直径孔的局限，实现了单一直径刀具可以用于加工一系列直径孔，在实际的生产加工过程中，有效地减少换刀次数，节约换刀时间，这不仅提高了加工效率，而且大大地减少存刀数量与种类，降低了加工成本。其次，螺旋铣孔工艺过程是断续切削过程，有利于刀具的散热，降低了因温度累积而造成刀具磨损、破损失效的风险，螺旋铣孔过程的冷却液的使用与传统的钻孔相比有很大的改进，整个铣孔过程的冷却可以采用微量润滑甚至是空冷方式实现，是一个"绿色加工"过程。最后，铣削加工切削变形与钻削加工切削变形原理的差异导致的切削抗力和排屑难易程度也不一样，螺旋铣孔的偏心加工的方式使得切屑有足够的空间从孔槽中排出，排屑方式不再是影响已加工孔表面粗糙度的主要因素。

当前世界范围内，在螺旋铣设备研制与推广方面，瑞典的 Novator 公司最具有代表性。基于传统的 db40 钻孔管理系统，创新性地开发了 Orbital Drilling 系统。

作为高级钻孔方案基础的 Twinspin 管理软件，可以在工程中一次设定每个孔的全部钻孔参数，同时也可以进行所有孔设置的批处理操作，而且在钻孔过程中该系统还提供在线实时检测与记录功能。图 2.46 为 Novator 螺旋铣设备，其中图 2.46（a）是基于六坐标机器人的螺旋铣孔系统，图 2.46（b）是便携式螺旋铣孔系统。

 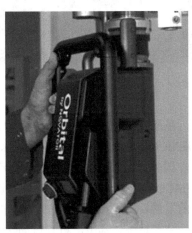

　　(a) 基于六坐标机器人的螺旋铣孔系统　　　　　　　(b) 便携式螺旋铣孔系统

图 2.46　Novator 螺旋铣设备（雷自力，2011）

2.4.3　自动钻铆装备

　　飞机装配中的自动钻铆设备指在装配过程中可以自动完成装配件的定位、夹紧、钻孔、锪窝、涂胶、送钉、铆接、安装等工作的工艺系统。自动钻铆设备主要包括自动钻铆机和托架两部分。自动钻铆机用于完成制孔、铆接和双件紧固件（如螺栓、环槽钉）安装等工作；托架用来进行装配件的定位和夹持。

　　飞机装配中的连接质量极大地影响着飞机的寿命，据统计，70%的飞机机体疲劳失效事故起因于结构连接部位，其中80%的疲劳裂纹发生于连接孔处。实施自动钻铆技术不只是工艺机械化、自动化等提高生产效率的需求，更主要的是为了保证连接质量，提高机体的疲劳寿命。另外大飞机机体结构尺寸大、结构装配空间较开敞，也易于实现自动化装配。目前世界各航空工业发达国家都已广泛地采用自动钻铆技术。当前飞机自动钻铆系统主要有 3 种典型形式：基于全自动托架的自动钻铆系统、龙门式自动钻铆系统和内外双机器人筒段铆系统。

　　1. 基于全自动托架的自动钻铆系统

　　基于全自动托架的自动钻铆系统，包括 C 框和 D 框两种形式，一般由基于全

图 2.47　基于全自动托架的自动钻铆系统

自动托架的五坐标定位系统和自动钻铆机组成，结构形式如图 2.47 所示。典型的五坐标全自动托架由 X、Y、两个 Z 轴和一个 A 轴组合实现 X、Y、Z、A（绕 X 轴旋转）、B（绕 Y 轴旋转）五坐标定位功能。典型的自动钻铆机由设备本体（C 框或 D 框）、上下钻铆功能执行器（末端执行器）组成，实现钻孔、锪窝、送钉、插钉、顶紧、连接（铆接或螺接）和端头铣平等功能。

　　基于全自动托架的自动钻铆系统主要供应商有美国的通用电气机械公司（GEMCOR）（C 型自动钻铆系统）、德国的宝捷公司（C 型和 D 型自动钻铆系统）等。国外已经形成了比较成熟的产品，大量应用于波音、空客等飞机制造商。GEMCOR 是美国最早的自动钻铆设备制造商，已有超过 75 年的历史，经过几十年的发展，GEMCOR 已研制出以机身、机翼、发动机吊舱等为加工对象的系列化自动钻铆系统。其中，机身自动钻铆系统最新型号包括 G12、G86 及 G2000。G12 采用全五轴 CNC 系统，集成全电驱动末端执行器、自适应控制气动压脚、自动点胶装置、自动送钉系统及法向测量与调整装置，最大压铆力达到 7t，铆钉安装效率为 19 颗/min，能够实现长度达到 9.75m 的机身壁板自动装配。G86 在 G12 的基础上增加了机床尺寸及承载能力，采用 G2000 的 C 型架后可用于半机身装配。G2000 采用 7 轴 CNC 系统，可实现 180°半机身壁板铆接，如图 2.48 所示。

　　GEMCOR 机翼自动钻铆系统能够实现中央翼盒、机翼前缘等处的多规格无头铆钉的自动钻铆，如图 2.49 所示。采用 squeeze-squeeze 双挤压的铆接方式，能够保证铆钉沿顶杆方向均匀膨胀，增加铆接干涉量，显著地提高结构的疲劳寿命，

图 2.48　GEMCOR G2000 半机身自动钻铆

图 2.49　机翼自动钻铆系统

并获得良好的密封性。G14 为 GEMCOR 新型机翼自动钻铆系统,用于实现机翼翼梁及中央翼盒等特定机翼部件的装配。

基于全自动托架自动钻铆系统的优势为技术成熟,成本相对低,易于实现较大铆接力。缺点为能加工壁板的弧度相对较小(一般小于 60°);产品上下架时间设备闲置,不利于自动化设备效率的发挥。

2. 龙门式自动钻铆系统

龙门式自动钻铆系统由龙门式五坐标定位系统、末端执行器和柔性工装组成,如图 2.50 所示。根据工件摆放位置(也决定末端执行器的位置)可以分为卧式和立式两种。龙门式自动钻铆系统的末端执行器和基于全自动托架的自动钻铆系统类似,其柔性工装在钻铆的过程中保持固定,主要是龙门式五坐标定位系统实现 X、Y、Z、A(绕 X 轴旋转)、B(绕 Y 轴旋转)五坐标定位。

图 2.50　龙门式自动钻铆系统

龙门式自动钻铆系统优势为通过合理布置生产线,可以解决产品上下架时间设备闲置问题,龙门卧式钻铆系统能加工壁板的弧度较大(通用壁板装配单元可达 180°),可以实现超级壁板的钻铆,机身半筒段环铆系统可以实现超过 180° 半筒段环铆。缺点为产品复杂、控制难度大、成本相对较高,龙门系统的 A、B 角运动不利于实现较大的铆接力。机身半筒段环铆系统钻铆效率相对较低。龙门式自动钻铆系统适合壁板装配,龙门立式钻铆系统适合机翼壁板装配,龙门卧式钻铆系统适合机身壁板、超级壁板的装配,机身半筒段环铆系统适合机身半筒段环铆。

在龙门式自动钻铆系统中，BROETJE 公司已形成多功能自动钻铆设备体系，包括通用壁板装配单元（multipanel assembly cell，MPAC）、集成式壁板装配单元（integrated panel assembly cell，IPAC）、C 型架式壁板装配单元（C-frame panel assembly cell，CPAC）、机器人装配单元（robot assembly cell，RACE）、机翼装配单元（wing panel assembly cell，WPAC）等多种壁板自动钻铆系统。其中 MPAC 最具代表性，能够适应不同类型飞机壁板的装配，该系统采用全电驱动铆接系统、智能化紧固件输送系统、柔性工装等先进制造技术，相比于传统的液压驱动铆接，其加工范围更广、无泄漏危险、维护性更好、铆接效率更高（17 颗/min）。智能化紧固件输送系统能够避免卡堵现象，降低设备停机成本；储料盒采用电子编码牌，记录储料盒中的紧固件信息（型号、直径、长度等），实现紧固件全自动加载；此外，采用智能检测装置，能够实时检测储料盒中紧固件的数量，防止出错。再者，卓越的成本效益使得其对于当前和未来的飞机项目有最大的适应性。如今 MPAC 已广泛地运用在空客、波音的装配生产线上。国产大飞机 C919 机身壁板装配采用的就是 BROETJE 的 MPAC 自动钻铆系统，如图 2.51 所示。

图 2.51　MPAC 自动钻铆系统

3. 内外双机器人筒段钻铆系统

内外双机器人筒段钻铆系统包括两套平行的刚性支撑轨道，一套在产品蒙皮外侧、一套伸入产品内部。上面各布置一套钻铆机器人（可以实现螺接功能）。每套轨道系统和钻铆机器人一起均能实现 X、Y、Z、A（绕 X 轴旋转）、B（绕 Y 轴旋转）五坐标定位，从而配合实现制孔连接功能。从结构上，内外双机器人筒段钻铆系统与龙门立式钻铆系统更像，只是由于用于筒段装配的原因，无法将内外机器人通过龙门架连成一体，内外双机器人 X 方向同步控制更加复杂而已。内外双机器人筒段钻铆系统主要供应商有美国 EI 公司、意大利 B&C 公司等。该系统较为复杂，市场需求相对不够旺盛，因此应用相对较少。国内目前未见相应系统的研发。优势为自动化程度高，往往还可以实现角片等部件自动定位功能。缺点为产品复杂，控制难度大，成本相对较高。

美国 EI 公司在 2014 年推出轮式机器人自动钻铆系统，如图 2.52 所示，用于实现飞机机翼、机身部段、襟翼等其他飞机部件的高精度制孔、检测与铆接。该机器人采用第二反馈系统、高阶动力学模型以及集成式数字控制机床系统，使得机器人定位精度达到 ±0.25mm，满足飞机装配精度需求。此外，优化设计多功能末端执行器，实现工件单侧夹紧、自动法向调整、真空排屑、自动送钉、高精度制孔与铆接等先进功能，极大地扩展了机器人钻铆系统功能。

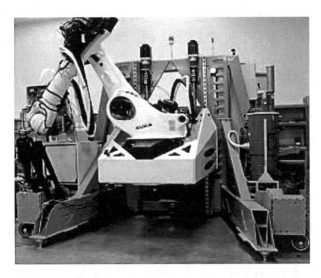

图 2.52　EI 轮式机器人自动钻铆系统

第 3 章　产品数字化建模技术

传统的工程设计方法是设计人员在图纸上利用不同投影视图来表示一个三维产品设计模型。图纸上还有很多规定、标准、符号和文字描述。对于一个较为复杂的部件，要用若干张图纸，尽管这样，图纸上还是密密麻麻地布满各种线条、符号和标记等。

利用实体建模软件进行产品设计时，设计人员可在计算机上直接进行三维设计，马上在屏幕上见到所设计产品的真实三维模型。所以，这是工程设计方法的一个突破，从根本上改变了传统的设计方法。波音 777 客机的大部分零件的设计数模都涵盖了其 50%以上的细节信息。

当零件在计算机中建立三维数字模型后，工程师就可以在计算机上方便地进行后续环节的设计工作，如总体设计、部件的模型装配、管路铺设、运动模拟、干涉检查以及数控加工编程等。所以，它为计算机集成制造和在并行工程思想指导下实现整个生产环节采用统一的产品信息模型奠定了基础。

3.1　产品数字化技术定义

产品定义技术的发展大致经历了三个阶段："二维图纸"定义方式、"三维数字模型＋二维工程图"的定义方式和基于模型的定义（model based definition，MBD）的全三维数字化建模定义方式。数字化产品定义（digital product definition，DPD）是指对产品功能、性能和物理特性等进行数字化描述的活动。

"二维图纸"定义方式：利用图纸上多个投影视图加人为规定、标准、符号和文字描述来定义产品的几何结构以及制造要求，实现设计与工艺和生产制造、检验等下游环节的信息共享和传递。

"三维数字模型＋二维工程图"的定义方式：利用三维方式的详细形状，再辅以二维图纸规则形状和注释，然后演变为三维方式的产品形状和简化标注的工程图纸，构成产品工程数据集。

基于 MBD 的全三维数字化建模定义方式：采用基于集成的三维实体模型来完整地表达产品定义信息的方法，它包含了制造所需要的所有几何特征和零件制造遵循的工艺要求与管理要求，如图 3.1 所示。MBD 技术是对当前的基于工程图定义方法和管理方法的一次大的技术提升。

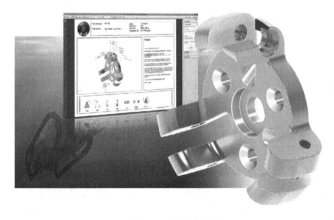

图 3.1　MBD 模型

　　MBD 技术是采用三维数字化模型作为整个飞机产品制造过程中的唯一依据，通过建立数字化设计制造环境，集成 CATIA 和产品数据管理（product data management，PDM）系统，打通从零部件三维设计、数字化预装配到装配工艺设计环节的数据流、信息流。

　　《基于模型的航空装备研制数字化产品定义准则》（GB/T 36252—2018）给出了 MBD 的定义：基于模型的定义是指由精确几何实体、3D 标注及属性构成的数据集描述的完整的产品定义。

　　采用 MBD 技术可以在并行模式下进行飞机产品定义和装配工艺设计，支持数字化设计制造的工作流程，如图 3.2 所示。

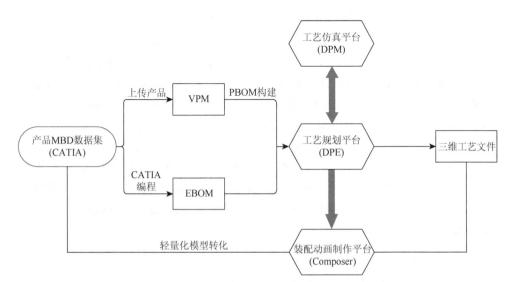

图 3.2　基于 MBD 数据集的装配工艺设计过程

3.2　产品的三维建模技术

产品三维建模的核心是精确几何实体的几何建模。几何模型是由几何信息和拓扑信息构成的模型，为图形显示和输出提供信息，并且作为设计的基础为分析、模拟、加工等提供信息。在设计方面，显示零部件形状、计算物理特性、生成零部件的工程图等。在加工方面，几何模型提供与加工有关的信息，并且可以进行工艺过程制定、数控编程及刀具轨迹形成等操作。在装配方面，利用几何模型模拟装配过程，进行运动部件的干涉和碰撞检查。三维实体的描述建立在几何信息和拓扑信息的基础上，只有拓扑信息正确，所描述的三维实体才是唯一的。

3.2.1　三维物体的几何模型

几何信息是指一个物体在欧氏空间的位置信息，反映物体的大小及位置。通常用三维的直角坐标系表示各种数据，如空间中的点，用坐标表示；空间中的直线，用两端点的坐标表示或两端点的位置矢量表示；空间的平面，用平面方程表示；空间的二次曲面，用圆柱面、球面等用二次方程表示；空间的自由曲面用 Bézier 曲面、B 样条曲面、NURBS 曲面等表示。

拓扑信息是指物体的几何元素（顶点、棱线、表面）数量以及它们之间相互关系的信息。例如，某一面与其他面的相邻关系、面与顶点之间的包含关系等均为拓扑信息。

在产品三维建模中，为了准确地表达产品的几何信息和拓扑信息，采用一种称为实体建模的建模方法。实体模型是把一封闭的体积作为实体，将其完整的几何信息和拓扑信息储存在计算机中，实体模型的数据结构不仅记录全部的几何信息，而且记录了所有的点、线、面、体的拓扑信息。目前实体建模采用的方法有几何体素构造法、边界表示法、八叉树法和扫描法等，其中以几何体素构造（constructive solid geometry，CSG）法和边界表示（boundary representation，B-rep）法最为常用。

CSG 从几何模型设计直观、便捷的角度给出，建模过程的每个步骤可以具有特定的工程含义。B-rep 从具有复杂外形曲面的工件设计的角度给出，容易进行几何模型的局部修改。下面分别对这两种表示方法进行论述。为讨论的方便，本书把用 CSG 法表示的几何模型称为 CSG 模型，用 B-rep 法表示的几何模型称为 B-rep 模型。

1. CSG 模型

CSG 模型是由简单体素依次经过布尔运算逐渐形成的复杂几何形体。这些简单的体素就是预先定义好的一些基本的几何体，如长方体、圆柱体、锥体、球体等。布尔运算就是把几何体看成空间中点的集合，在两个集合之间进行求交、求差和求并的运算。图 3.3 给出了 CSG 模型的实体构造过程。图 3.4 给出了 CAD 软件中采用基本几何体构造复杂几何形体的过程。虽然 CSG 模型的几何形体构造原理和数据结构都比较简单，但是由于 CSG 法利用基本几何体形成复杂几何形体，因此用 CSG 法表示的几何形体表面只能是简单形体表面的组合，而不可能是任意的复杂曲面。另外，由于 CSG 法表示的数据记录过于简单，对用这种方法构造的复杂几何体进行显示和分析操作时，需要实时进行大量的布尔运算，这大大降低了系统的运行效率。因此，在当前流行的 CAD 软件几何内核中，主要采用另一种实体模型表示方法：B-rep 模型。

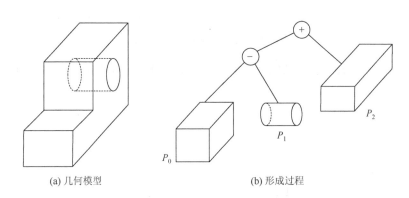

(a) 几何模型   (b) 形成过程

图 3.3   CSG 模型的实体构造过程

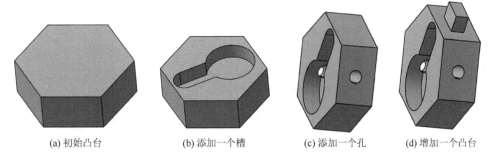

(a) 初始凸台   (b) 添加一个槽   (c) 添加一个孔   (d) 增加一个凸台

图 3.4   通过简单形体的布尔运算逐渐形成一个复杂形体

2. B-rep 模型

B-rep 模型是目前几何造型中最成熟、无歧义的表示法，目前大多数商业 CAD 软件都采用这种表示方法。在 B-rep 法中，实体的边界通常用面的并集表示，而每个面又由它所在的曲面定义加上其边界来表示；面的边界又可以表示为边的并集，边可以通过边的端点和相应的曲线方程来表示。在 B-rep 模型中，建立了面与面之间的拓扑邻接关系，同时为每个面定义内侧和外侧。一般来说，与外侧邻接的空间中没有工件材质，而与内侧邻接的空间中具有空间材质，如图 3.5 所示。

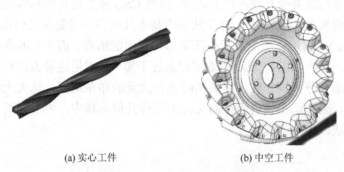

(a) 实心工件　　　　　　　　　　　　(b) 中空工件

图 3.5　工件表面的内侧和外侧

图 3.6 为 B-rep 模型的数据组织。B-rep 模型由若干壳（shell）组成；每个壳由

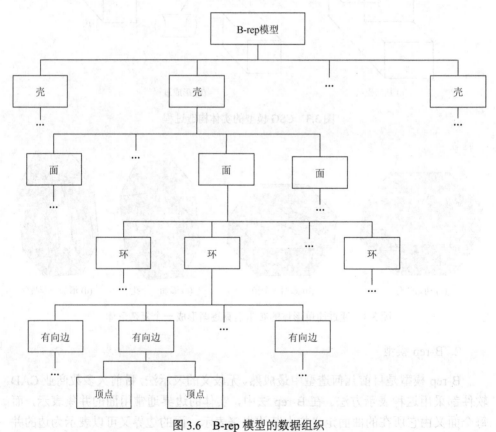

图 3.6　B-rep 模型的数据组织

若干面（face）包围而形成封闭的体；每个面由若干环（loop）组成的边界构成封闭的区域；每个环由若干有向边（edge）组成封闭的边界；每个有向边由两个顶点（vertex）表达。从图 3.6 可以发现，面、有向边和顶点需要几何信息，即定义面需要曲面、定义有向边需要曲线、定义顶点需要坐标。表 3.1 为 B-rep 模型表达——顶点表。

表 3.1　B-rep 模型表达——顶点表

点号	坐标		
	x	y	z
0	x_0	y_0	z_0
1	x_1	y_1	z_1
2	x_2	y_2	z_2
3	x_3	y_3	z_3
⋮	⋮	⋮	⋮

表 3.2、表 3.3 为 B-rep 模型表达的边表与面表。其中，面表（表 3.3）的前两列是拓扑信息，最后一列是几何信息。因为曲线方程可以根据曲线段顶点的变化自动计算新边几何信息、曲面的方程可以根据边的变化自动计算新曲面的几何信息，所以编辑 B-rep 模型时需要明确一个顶点的变化会引起哪些边和面的变化、一条边的变化会引起哪些面的变化、一个面的变化会导致哪些边和顶点的变化，以确保几何元素（点、边、面）的变化不会出现拓扑关系的变化。

表 3.2　B-rep 模型表达——边表

线号	起点	终点	曲线方程
0	0	2	$r_t(1)$
1	1	7	$r_t(2)$
2	2	4	$r_t(3)$
3	4	7	$r_t(4)$
4	5	6	$r_t(5)$
5	3	8	$r_t(6)$
⋮	⋮	⋮	⋮

表 3.3　B-rep 模型表达——面表

面号	面的边号	曲面方程
0	0,1,2,7	$r_{t,v}(1)$
1	1,6,8	$r_{t,v}(2)$
2	3,9,4,0	$r_{t,v}(3)$

续表

面号	面的边号	曲面方程
3	2,6,5	$r_{t,v}(4)$
4	4,9,8,5,10	$r_{t,v}(5)$
5	7,10,11,13	$r_{t,v}(6)$
⋮	⋮	⋮

为了明确面的哪一侧是内侧，需要引入有向边的概念。在图 3.7（a）中，每条边可以属于两个面；在图 3.7（b）中，有向边 *ab* 和 *ba* 则是两条不同的边，一条有向边仅属于一个面。这样，一系列的有向边就可以形成具有特定走向的环，即有向环。把有向环作为面的边界就可以区分面的内侧或外侧，还可以表示曲面上的孔洞，图 3.8（a）表示只由外环构成的裁剪前的曲面，图 3.8（b）则表示由外环和内环构成的裁剪后的曲面。

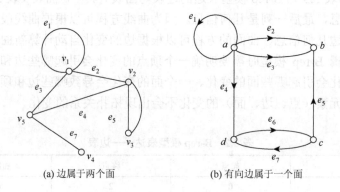

(a) 边属于两个面　　　　　　　(b) 有向边属于一个面

图 3.7　边和有向边的区别

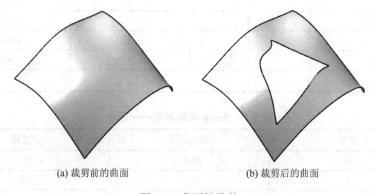

(a) 裁剪前的曲面　　　　　　　(b) 裁剪后的曲面

图 3.8　曲面的裁剪

与有向边组合成环类似，面的组合就可以形成壳。壳就是三维形体的表面，一个三维形体可能含有多个壳，这些壳互不相交。

曲面表达是 CAD 软件技术发展的产物，很多复杂的零件表面需要采用曲面进行描述，如汽车车身、飞机零部件、模具等。常见的曲面表达有 Bézier 曲面和 NURBS 曲面等，如图 3.9 所示。

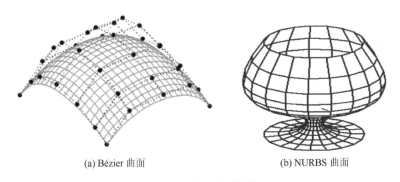

(a) Bézier 曲面　　　　　　(b) NURBS 曲面

图 3.9　常见曲面表达

曲面的构造方法有利用轮廓直接生成的，如各种扫描曲面等，称为基本曲面；在现有的曲面基础或实体上生成曲面，如复制等，称为派生曲面；利用空间曲线自由生成曲面，称为自由曲面。

基本曲面是由单一方法构造的一个连续曲面，如圆柱面、球面、圆锥面、环面等。基本曲面的生成多种多样，下面介绍几种生成基本曲面的方法，如直纹面、路径扫描、旋转扫描、混合扫描、高级扫描等。

（1）直纹面：通过一条轮廓按照指定方向扫描一定长度获得曲面，如图 3.10 所示。

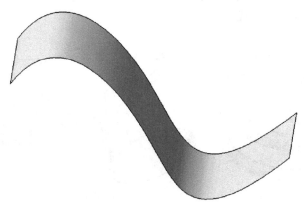

图 3.10　直纹面

（2）路径扫描：由一条封闭或不封闭的轮廓沿着一定路径扫描而成，如图 3.11 所示。

（3）旋转扫描：由一条轮廓线绕一条回转中心旋转扫描而成，旋转角度有 90°、180°、270°、360°及任意角度，如图 3.12 所示。

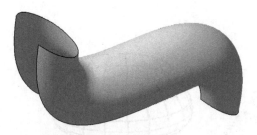

图 3.11　路径扫描

图 3.12　旋转扫描

（4）混合扫描：图 3.13 是通过连接几个封闭轮廓生成一个连续曲面，混合扫描可以采用平行、旋转、一般三种形式。

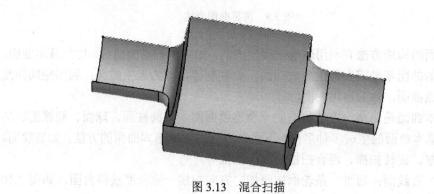

图 3.13　混合扫描

（5）高级扫描：曲面采用变截面和螺旋扫描来创建。图 3.14（a）为螺旋扫描，图 3.14（b）为变截面扫描。

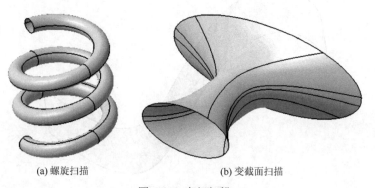

(a) 螺旋扫描　　　　　　　　(b) 变截面扫描

图 3.14　高级扫描

自由曲面又称为复杂曲面，是通过一组空间复杂曲线构造而成的一个连续曲面，如 Bézier 曲面、B 样条曲面、NURBS 曲面等。

3.2.2　复杂曲线的数学表达

圆锥曲线在产品外形设计中有着广泛的应用。例如，在飞机外形设计时就经常使用圆锥曲线来表示机身的横截面。这是因为圆锥曲线能够表示多种曲线（圆、椭圆、双曲线、抛物线），而且它的保凸性好，曲率变化非常连续。

样条曲线在航空、船舶和汽车制造业中经常遇到。在应用 CAD 技术以前，人们普遍借助于样条来手工绘制样条曲线。样条是一根富有弹性的细木条或者有机玻璃条。绘图时，描图员首先用压铁压住样条，使其通过所有给定的型值点。然后对压铁位置进行适当调整，改变样条形态，直到符合设计要求，最后，沿样条绘制曲线，称为样条曲线、模线或者放样。图 3.15 给出了一个放样现场的照片。

图 3.15　放样现场

样条曲线采用拟合的方法，将一系列给定点分段拼合成一条光滑的曲线。样条曲线不仅通过所有型值点，并且在各型值点处的一阶和二阶导数连续，即该曲线具有连续的、曲率变化均匀的特点。

逼近的方法是一个很适合于外形设计的方法，这是因为在曲线曲面设计的初始阶段，设计者可能对要设计的产品外形仅有一个非常粗略的概念，只能大致勾勒出产品的轮廓。在这种情况下通过求解方程组使得曲线严格通过设计者勾勒出的多边形顶点是不合理的。为此，人们希望使用某种逼近的方法而非插值的方法去模仿曲线曲面的设计过程，尽可能地减少计算量以达到实时显示的效果。Bézier

曲线于 1962 年由法国雷诺汽车公司的工程师 Bézier 提出，20 世纪 70 年代初 Bézier 以此为基础完成了用于曲线曲面设计的 UNISURF 系统。Forrest、Gordon 和 Riesenfeld 在 20 世纪 70 年代从理论上对 Bézier 方法作出了深入的探讨，揭示了 Bézier 方法和现代 B 样条理论之间的深刻联系，把函数逼近论同几何表示紧密结合起来。不同于样条曲线，Bézier 曲线仅仅是对顶点多边形的逼近，如图 3.16 所示。

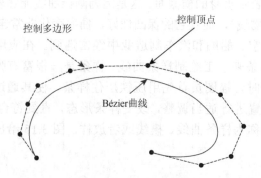

图 3.16　Bézier 曲线

B 样条作为 CAD 造型理论的基本方法，是 Gordon 与 Riesenfeld 在研究 Bézier 方法的基础上引入 B 样条基函数，将控制顶点和 B 样条基函数混合得到 B 样条曲线，如图 3.17 所示。B 样条曲线具有几何不变性、凸包性、保凸性、变差减小性、局部支撑性等许多优良性质，是目前 CAD 系统常用的几何表示方法，因而基于测量数据的参数化和 B 样条曲面重建是反求工程的研究热点和关键技术之一。

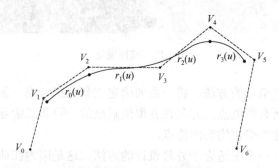

图 3.17　B 样条曲线

B 样条方法在表示与设计自由型曲线曲面形状时显示了强大的威力，然而在表示与设计初等曲线曲面时却遇到了麻烦。因为 B 样条曲线包括其特例的 Bézier

曲线都不能精确地表示抛物线等的二次曲线，而只能给出近似表示。非均匀有理 B 样条（NURBS）方法，是与描述自由型曲线曲面的 B 样条方法既相互统一又能精确地表示二次曲线弧与二次曲面的数学方法。正是这样的原因，NURBS 成为产品外形表示中最受欢迎的工具。早在 20 世纪 80 年代的美国，NURBS 就被纳入初始化图形交换标准，成为美国图形数据交换的国家标准。国际标准化组织在 1991 年颁布的产品模型数据交换标准中，将 NURBS 作为定义工业产品几何外形的唯一的数学方法。

1. NURBS 曲线的定义

有理函数是两个多项式之比。因此，有理样条是两个样条函数之比。有理 B 样条曲线可以这样来定义：

$$P(t) = \frac{\sum\limits_{i=0}^{n} \omega_i P_i B_{i,k}(t)}{\sum\limits_{i=0}^{n} \omega_i B_{i,k}(t)} = \sum_{i=0}^{n} P_i R_{i,k}(t)$$

$$R_{i,k}(t) = \frac{\omega_i B_{i,k}(t)}{\sum\limits_{j=0}^{n} \omega_j B_{j,k}(t)}$$

(3.1)

式中，$R_{i,k}(t)(i=0,1,\cdots,n)$ 为 k 阶有理基函数；$B_{i,k}(t)$ 为 k 阶 B 样条基函数；$P_i(i=0,1,\cdots,n)$ 为特征多边形控制顶点位置矢量；ω_i 为与 P_i 对应的权因子，首末权因子 ω_0, ω_n 大于 0，其余 $\omega_i \geq 0$，以防止分母为零及保持凸包性质、曲线不因权因子而退化为一点；节点矢量为 $T = [t_0, t_1, \cdots, t_{n+k}]$，节点个数 $m = n + k + 1$（n 为控制项的点数，k 为 B 样条基函数的阶数）。

如果 $T = [t_0, t_1, \cdots, t_{n+k}]$ 是非均匀节点矢量，则 $P(t)$ 称为非均匀有理 B 样条曲线。

NURBS 曲线与 B 样条曲线也具有类似的几何性质，如局部性质、变差减小性质、凸包性以及在仿射与投影变化下的不变性等。

2. NURBS 的齐次坐标表示

如果给定一组控制顶点 $P_i(x_i, y_i, z_i)(i=0,1,\cdots,n)$ 及相应的权因子 $\omega_i(i=0,1,\cdots,n)$，则在齐次坐标系 $xyz\omega$ 中的控制顶点为 $P_i^{\omega} = (\omega_i x_i, \omega_i y_i, \omega_i z_i, \omega_i)(i=0,1,\cdots,n)$。齐次坐标系下的 k 阶非有理 B 样条曲线可表示为

$$P^{\omega}(t) = \sum_{i=0}^{n} P_i^{\omega} B_{i,k}(t)$$

(3.2)

将它投影到 $\omega = 1$ 的超平面上，即从四维的齐次坐标又变成三维空间中的坐标，得到三维空间中定义的一条 k 次 NURBS 曲线 $P(t)$：

$$P(t) = \frac{\sum_{i=0}^{n} \omega_i P_i B_{i,k}(t)}{\sum_{i=0}^{n} \omega_i B_{i,k}(t)} \tag{3.3}$$

同时称相应的 $P^{\omega}(t)$ 为 $P(t)$ 的齐次曲线。

3. NURBS 曲线的优缺点

1991 年国际标准化组织正式颁布了工业产品几何定义的 STEP 标准，作为产品数据交换的国际标准，在该标准中，NURBS 被确定为自由型曲线及曲面的唯一表示方法。这是因为 NURBS 具有以下优点：

（1）既为标准解析形式（即初等的曲线曲面），也为自由曲线曲面的精确表示与设计提供了一个统一的数学形式，因此，一个统一的图形数据库就能存储这两类曲线曲面几何形状信息；

（2）控制顶点及权因子使得 NURBS 形状设计具备充分的灵活性；

（3）计算稳定，速度快；

（4）NURBS 有明显的几何解释，对有良好的几何知识尤其是画法几何知识的设计人员特别适用；

（5）具有明显的几何解释和强有力的几何配套技术（包括节点插入、细分、升阶等），这些技术能用于设计、分析与处理等环节；

（6）NURBS 在比例、旋转、平移、错切以及平行和透视变换下是不变的；

（7）NURBS 是 B 样条及有理 Bézier 曲线的合理推广。

不过，同时，NURBS 存在以下缺点：

（1）比传统的曲线曲面定义方法需要更多的存储空间，如传统定义的空间圆需 7 个参数（圆心、半径、法向量等），而 NURBS 定义空间圆需 38 个参数；

（2）权因子选择不当会引起畸形；

（3）某些技术用传统形式比用 NURBS 的更好，如曲面求交等；

（4）反求曲线曲面上点的参数值的算法，存在数值不稳定的问题。

3.2.3　复杂曲面的 NURBS 表达

NURBS 曲面方程可以写为

$$r(u,v) = \frac{\sum_{i=0}^{m} \sum_{j=0}^{n} \omega_{i,j} N_{i,l}(v) N_{j,k}(u) V_{i,j}}{\sum_{i=0}^{m} \sum_{j=0}^{n} \omega_{i,j} N_{i,l}(v) N_{j,k}(u)} \tag{3.4}$$

式中，控制顶点 $V_{i,j}(i=0,\cdots,m;j=0,\cdots,n)$ 形成控制网格；$N_{j,k}(u)$ 和 $N_{i,l}(v)$ 分别为 k 次和 l 次的 B 样条基函数。它们分别由节点矢量 U 和 V 定义。

　　下面以球面为例介绍旋转面的形成过程。球的构造方法如下：半圆绕中心轴旋转一周，如图 3.18（a）所示。因此球的 NURBS 曲面表示为半圆 + 整圆，如图 3.18（a）和（b）所示。

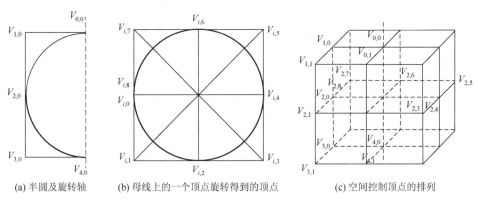

(a) 半圆及旋转轴　　　　　(b) 母线上的一个顶点旋转得到的顶点　　　　　(c) 空间控制顶点的排列

图 3.18　球面的控制顶点

　　于是球面控制顶点的空间分布为

$$\begin{bmatrix} V_{0,0} & V_{0,1} & V_{0,2} & V_{0,3} & V_{0,4} & V_{0,5} & V_{0,6} & V_{0,7} & V_{0,8} \\ V_{1,0} & V_{1,1} & V_{1,2} & V_{1,3} & V_{1,4} & V_{1,5} & V_{1,6} & V_{1,7} & V_{1,8} \\ V_{2,0} & V_{2,1} & V_{2,2} & V_{2,3} & V_{2,4} & V_{2,5} & V_{2,6} & V_{2,7} & V_{2,8} \\ V_{3,0} & V_{3,1} & V_{3,2} & V_{3,3} & V_{3,4} & V_{3,5} & V_{3,6} & V_{3,7} & V_{3,8} \\ V_{4,0} & V_{4,1} & V_{4,2} & V_{4,3} & V_{4,4} & V_{4,5} & V_{4,6} & V_{4,7} & V_{4,8} \end{bmatrix}$$

其 U 参数方向上的控制顶点为

$$V_{i,0},V_{i,1},V_{i,2},V_{i,3},V_{i,4},V_{i,5},V_{i,6},V_{i,7},V_{i,8}$$

权因子为

$$\omega_i \cdot [1,\sqrt{2}/2,1,\sqrt{2}/2,1,\sqrt{2}/2,1,\sqrt{2}/2,1]$$

节点矢量为

$$U=[0,0,0,1/4,1/4,1/2,1/2,3/4,3/4,1,1,1]$$

V 参数方向上的节点矢量为

$$V=[0,0,0,1/2,1/2,1,1,1]$$

给出了以上条件后球面方程可以写为

$$r(u,v) = \frac{\sum\limits_{i=0}^{4}\sum\limits_{j=0}^{8}\omega_{i,j}N_{i,2}(u)N_{j,2}(v)V_{i,j}}{\sum\limits_{i=0}^{4}\sum\limits_{j=0}^{8}\omega_{i,j}N_{i,2}(u)N_{j,2}(v)} \tag{3.5}$$

3.3 特征参数化建模技术

产品的三维建模是做出图形的精确设计，整个造形的工作只存储设计结果，所需要的几何抽象关系从设计结果中抽取，这种方法不能体现出产品设计的过程特征。这种设计模式不支持设计过程中进行修改，缺乏变参数设计功能，不能很好地自动处理对图形的局部修改，很难体现局部参数对整体的影响。而且对于包含很多零部件的复杂结构，仅仅只能描述零件的可视形状，不包含设计者思想，一旦零件尺寸或设计要求发生变化，必须重新绘制对应的零件模型，这样消耗了大量的人力物力。

对很多企业，设计的重点往往是系列化产品的变形，新的设计经常用到已有的设计结果。据不完全统计，零件结构要素 90%以上是通用的或标准化的，零件有 70%～80%是相似的。因此对于占据机械制造大部分的系列产品设计，反复修改完善的机械设计过程需要 CAD 软件具有有效的变形化和系列化的特点，非常有必要采取参数化建模的方法来进行高效的设计开发。

参数化设计是基于约束条件、以尺寸为驱动的设计过程。参数化设计，顾名思义，最基本特点就是设计者可以在设计过程中通过调整各种参数来修改和控制零件几何特征，从而使设计者完全不必在设计时专注于具体尺寸，实现边设计边精确完善产品造型的目的。更为重要的是参数化设计方法能有效地完成设计过程的存储，通过对参数的"求同存异"保留共性参数，修改局部特性参数从而达到产品系列化的目的；并且已有成形的设计，如果需要修改，只需变动相应的参数，而无须运行产品设计的全过程。在许多通用件、零件设计上的简单易行，充分地体现出参数化技术成熟的优势。

3.3.1 特征建模技术

特征是一种新的组织方式，不改变实体的拓扑关系。特征形状的变化只能通过给特征指定不同的参数值来实现。对零件的修改就可以转化为对构成零件的特征参数值的修改，代替了传统的对几何图形位置的修改，大大方便了零件的设计与修改。

基于特征的产品模型来源于对产品的完整技术和生产管理经验的表达。基于特征参数化方法是将整个特征设计活动当作一个整体来对待，摆脱了个体零件参数的束缚，实现对多种设计方式和设计形式的支持。以往的 CAD 系统依靠几何要素的位置组织几何造型，而基于特征参数化方法是根据设计的经验和实际要求，将多种几何形体组织成有实际意义的可操作的新语义实体特征，这将包含比几何图素更多的零件描述。

制造特征建模的层次描述如图 3.19 所示。

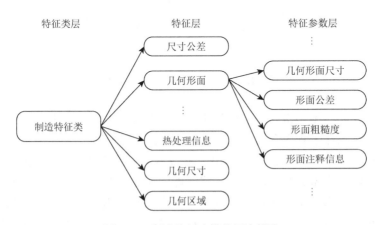

图 3.19　制造特征建模的层次描述

零件制造信息具有复杂性，涵盖了工艺过程中的诸多信息，它包括几何形状信息（形状、尺寸、坐标等）、精度信息（待加工表面的尺寸公差、形位公差和表面粗糙度）、材料信息（材料类型、性质和热处理状态）以及管理信息（零件批量、毛坯类型、名称等）。如何组织这些制造信息，并将其转化为能够被工艺设计等制造活动所使用的制造特征，服务于工艺设计和制造过程，是处理特征信息的关键问题所在。我们可以利用面向对象的思想，将服务于同一制造对象的信息组合建立为一个制造特征类，特征类描述为与制造活动相关的产品对象信息的集合。制造特征类中不但具有构成同类特征的形状和几何信息，又包含能够用于指导制造过程的公差、粗糙度等制造信息。根据后续的制造要求，可以对制造特征类进行分层次描述。

在特征建模过程中，对于特征的描述是关键。特征描述应该包含几何形状的表示和相关的处理机制以及特征高层语义信息，目前主要是探索形状特征。下面用一个简单的例子来说明特征建模的流程。

特征造型方案的简单描述如图 3.20 所示。

第一步：将草绘的两个同心圆拉伸成中间为通孔的圆柱体。

第二步：用拉伸切削的方法将圆柱体切削为八边形实体。

第三步：用拉伸去除材料的方法构造八边形实体内部的八边形槽和四方槽。

第四步：用拉伸去除材料的方法构造八边形实体内部的梅花槽，用倒角命令完成中心通孔边缘的倒角，用打孔命令完成四个小通孔的造型。

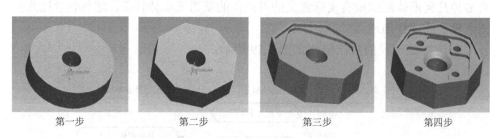

第一步　　　　　　第二步　　　　　　第三步　　　　　　第四步

图 3.20　特征造型方案的简单描述

特征参数化建模关键在于用特征来驱动图形以达到改变图形的目的，特征造型最核心的特点在于利用参数驱动来实现建模。

特征造型理论出现以前已经提出了参数驱动机制为核心的参数化设计方法，但是只有以特征模型为基础的建模方式才能实现完全意义上的参数驱动方法。参数驱动机制的本质就是对图形的数据进行操作。参数驱动机制可以对图形的几何数据进行参数化修改。参数化修改的前提是必须满足图形的约束联动。约束联动是通过约束间的关系实现的驱动方法，我们常常发现一个图形，约束条件数量很大很复杂，而由用户操作控制的参数一般只有几个，所以特征造型首先是确定特征造型的约束联动关系，建立整个造型的基础特性，即"模型共性"，这是建立特征系列的前提，然后就是通过控制特征参数来驱动图形的修改。利用参数驱动方法可以自由地使用造型系统提供的交互功能修改图形及其属性，达到对参数化过程控制的目的，体现了很好的交互性。特征参数驱动方法具有直观、易于理解、易开发和使用的特点。

3.3.2　参数化设计技术

参数化设计（也称为尺寸驱动（Dimension-Driven））是 CAD 技术在实际应用中提出的课题。目前参数化技术大致可分为如下三种方法：①基于几何约束的数学方法；②基于几何原理的人工智能方法；③基于特征模型的造型方法。其中方法③在三维 CAD 软件中广泛地被使用。

零件上的特征主要通过参数和几何约束相互关联。参数化技术允许设计者在创建特征时灵活地定义特征尺寸标注，并且在特征尺寸间通过方程式建立数学关联。其中被约束的尺寸称为参考尺寸，而起驱动作用的尺寸为驱动尺寸。尺寸间的关联可以是模型内部尺寸或设计者自行定义的各种外部参数间的关系。设计者可以通过修改驱动尺寸修改模型，由系统自动地求解其他尺寸值，这种技术称为尺寸驱动技术。

模型的参数约束分为两大类：①几何约束。例如，相互平行、相互同心、两线等长，这样的约束是确定它们的几何关系，而这种几何关系在未来的设计中是保持不变的。②尺寸约束。例如，长度、高度、锥角、半径，这样的约束是确定它们的尺寸大小和相对距离，在将来的设计中，这些尺寸可能改变，也可能被另外的零件引用。

3.3.3　特征参数化建模

形状特征实际上是几何实体无任何语义的结构化组合，随着参数化设计技术的发展，出现了将参数化设计应用到特征设计中去，使得特征具有可调整性，主要是针对特征的几何和拓扑信息，使得形状特征可以根据需要调整变化，这就是基于特征的参数化建模。

参数化建模是以参数化设计技术为基础，其目标是解决面向系列化产品的动态设计，即根据设计对象拓扑结构的共同特征，制定一组相关的约束参数。据此来设计开发对象的几何尺寸和形状特征，通过对其结构尺寸的关系驱动来实现相似的柔性设计。并且依托相应的 CAD 软件二次开发出系列产品参数化建模程序，将零件设计从专业的图形界面中解放出来，完全依据无图化的参数输入，使设计过程方便友好，突出设计要点，提高开发效率。

如图 3.21 所示，用户就可以按着设计意图方便地驱动和更改设计模型，并可以据此进一步生成系列模型库。

图 3.21　参数化建模的作用

在 CAD 系统中，通常以二维轮廓为基础，通过针对填料、出料、抽壳等特征实施拉伸、旋转、扫描操作构建三维模型，并自动产生变量表，对表中的数据进行修改，以设计变量作为三维模型的参数，从而实现用户交互操作层次上的参数化设计。

3.4　有限元分析技术

有限元分析（finite element analysis，FEA）是利用简单而又相互作用的元素（即单元），用有限数量的未知量去逼近无限未知量的真实系统，是计算机辅助工程（computer aided engineering，CAE）分析最常用的一种数值分析方法。有限元分析技术最初应用于飞行器的结构强度计算，随着计算机技术的快速发展和普及，有限元分析方法已成为当今工程分析中广泛应用的数值计算方法，是计算机辅助设计/计算机辅助工程/计算机辅助制造（CAD/CAE/CAM）的重要组成部分。

3.4.1　有限元法的理论基础

1. 微分方程的等效积分形式

工程或物理学中的许多问题通常以未知场函数应满足的微分方程和边界条件的形式提出，一般地表示为未知函数 u 应满足微分方程组：

$$A(u) = \begin{bmatrix} A_1(u) \\ A_2(u) \\ \vdots \end{bmatrix} = 0 \quad （在\Omega内） \tag{3.6}$$

域 Ω 可以是体积域、面积域，同时未知数 u 还应满足边界条件：

$$B(u) = \begin{bmatrix} B_1(u) \\ B_2(u) \\ \vdots \end{bmatrix} = 0 \quad （在\Gamma上） \tag{3.7}$$

Γ 是域 Ω 的边界。

由于微分方程组（3.6）在域 Ω 中的每一点必须为零，以及边界条件（3.7）在边界上每一点都得到满足，通过推导可知微分方程的等效积分形式为

$$\int_{\Omega} v^{\mathrm{T}} A(u) \mathrm{d}\Omega + \int_{\Gamma} \bar{v}^{\mathrm{T}} B(u) \mathrm{d}\Gamma = 0 \tag{3.8}$$

若式（3.8）对于所有的 v 和 $\bar{v}$ 都成立，即满足微分方程（3.6）和边界条件（3.7）。

2. 加权余量法

对于微分方程（3.6）和边界条件（3.7）所表达的物理问题，假设未知场函数可以采用近似函数来表示，近似函数是一组带有待定参数的已知函数，一般形式为

$$u \approx \overline{u} = \sum_{i=1}^{n} N_i a_i = Na \qquad (3.9)$$

式中，a_i 为待定参数；N_i 为试探函数（或基函数、形函数）的已知函数。

通常情况下 n 取有限项数的近似解是不能精确满足微分方程（3.6）和边界条件（3.7）的，二者之间出现残差，即

$$A(Na) = R, \quad B(Na) = \overline{R} \qquad (3.10)$$

式中，残差 R 和 $\overline{R}$ 称为余量。

在式（3.8）中用 n 个规定的函数来代替任意函数 v 和 $\overline{v}$，即

$$v = W_j; \quad \overline{v} = \overline{W}_j \quad (j = 1, \cdots, n) \qquad (3.11)$$

就可得到近似的等效积分形式

$$\int_{\Omega} W_j^{\mathrm{T}} A(Na) \mathrm{d}\Omega + \int_{\Gamma} \overline{W}_j^{\mathrm{T}} B(Na) \mathrm{d}\Gamma = 0 \quad (j = 1, \cdots, n) \qquad (3.12)$$

也可写成余量的形式

$$\int_{\Omega} W_j^{\mathrm{T}} R \mathrm{d}\Omega + \int_{\Gamma} \overline{W}_j^{\mathrm{T}} \overline{R} \mathrm{d}\Gamma = 0 \quad (j = 1, \cdots, n) \qquad (3.13)$$

式（3.12）或式（3.13）通过选择待定系数 a_i，使得余量在某种平均意义上等于 0，W_j 和 $\overline{W}_j$ 称为权函数。若余量的加权积分为零，可得到一组用以求解近似解的待定系数 a 的求解方程，从而得到原问题的近似解答。

近似函数所取试探函数的项数 n 越多，近似解的精度将越高。当项数 n 趋于无穷时，近似解将收敛于精确解。

采用使余量的加权积分为零来求得微分方程近似解的方法称为加权余量法（weighted residual method，WRM）。加权余量法是求微分方程近似解的一种有效的方法，常见的权函数有配点法、子域法、最小二乘法、力矩法、伽辽金法等。

3. 变分原理与里兹方法

如果微分方程具有线性和自伴随的性质，可以建立与之相等效的变分原理，并进而得到基于变分原理的另一种近似求解方法，即里兹方法。

设微分方程

$$L(u) + b = 0 \quad （在 \Omega 域内） \qquad (3.14)$$

若微分算子具有如下性质：

$$L(\alpha u_1 + \beta u_2) = \alpha L(u_1) + \beta L(u_2) \qquad (3.15)$$

则称 L 为线性算子，方程（3.14）为线性微分方程，其中 α 和 β 为两个常数。

现定义 $L(u)$ 和任意函数的内积为

$$\int_{\Omega} L(u) v \mathrm{d}\Omega \qquad (3.16)$$

对式（3.16）进行分部积分直至 u 的导数消失，这样就可以得到转化后的内积以及边界项，即

$$\int_\Omega L(u)v\mathrm{d}\Omega = \int_\Omega uL^*(v)\mathrm{d}\Omega + \mathrm{b.t.}(u,v) \tag{3.17}$$

式（3.17）右端 b.t.(u,v) 表示在 Ω 的边界 Γ 上由 u，v 及其导数组成的积分项。算子 L^* 称为 L 的伴随算子。若 $L^* = L$，则称算子是自伴随的，称式（3.14）为线性、自伴随的微分方程。

原方程的微分方程和边界条件为

$$\begin{cases} A(u) \equiv L(u) + f = 0 & （在\Omega内） \\ B(u) = 0 & （在\Gamma上） \end{cases} \tag{3.18}$$

与式（3.18）相等效的伽辽金法可表示为

$$\int_\Omega \delta u^{\mathrm{T}}[L(u) + f]\mathrm{d}\Omega - \int_\Gamma \delta u^{\mathrm{T}} B(u)\mathrm{d}\Gamma = 0 \tag{3.19}$$

利用算子是线性、自伴随的，可以导出以下关系式：

$$\int_\Omega \delta u^{\mathrm{T}} L(u)\mathrm{d}\Omega = \delta \int_\Omega \frac{1}{2} u^{\mathrm{T}} L(u)\mathrm{d}\Omega + \mathrm{b.t.}(\delta u, u) \tag{3.20}$$

将式（3.20）代入式（3.19），就可得到原问题的变分原理：

$$\delta \Pi(u) = 0 \tag{3.21}$$

式中

$$\Pi(u) = \int_\Omega \left[\frac{1}{2} u^{\mathrm{T}} L(u) + u^{\mathrm{T}} f \right]\mathrm{d}\Omega + \mathrm{b.t.}(u) \tag{3.22}$$

是原问题的泛函，此泛函中 u（包括 u 的导数）的最高次为二次，称为二次泛函。式（3.22）右端 b.t.(u) 由式（3.20）中的 b.t.$(\delta u, u)$ 和式（3.19）中的边界积分项两部分组成。

由此可见，原问题的微分方程和边界条件等效积分的伽辽金法与其变分原理等效，原问题的微分方程和边界条件等效于泛函的变分等于零，即泛函取驻值。反之，泛函取驻值等效于满足原问题的微分方程和边界条件。而泛函可以通过原问题的等效积分的伽辽金法得到，这样获得的变分原理称为自然变分原理。

如果线性自伴随算子 L 是偶数（$2m$）阶的，利用伽辽金法构造问题的泛函时，假设近似函数 u 事先满足强制边界条件，按一定的方法选取对应自然边界条件的任意函数 W，则可以得到泛函的变分，同时所构造的二次泛函取驻值与极值。

泛函的极值性对判断解的近似性质有意义，利用它可以对解的上下界作出估计。

在得到与线性、自伴随微分方程相等效的变分原理以后，可以建立求近似解的标准过程——里兹方法。具体步骤是未知函数的近似解由一组带有待定参数的试探函数来近似表示，即

$$u \approx \bar{u} = \sum_{i=1}^{n} M_i a_i = Ma \qquad (3.23)$$

式中，a 为待定参数；M 为取自完全系列的已知函数。将式（3.23）代入问题的泛函，得到用试探函数和待定参数表示的泛函表达式。泛函的变分为零相当于将泛函对所包含的待定参数进行全微分，并令所得的方程等于零，即

$$\delta \Pi = \frac{\partial \Pi}{\partial a_1} \delta a_1 + \frac{\partial \Pi}{\partial a_2} \delta a_2 + \cdots + \frac{\partial \Pi}{\partial a_n} \delta a_n = 0 \qquad (3.24)$$

由于 δa_1, δa_2, $\cdots$ 是任意的，满足式（3.24）时必然有 $\dfrac{\partial \Pi}{\partial a_1}$, $\dfrac{\partial \Pi}{\partial a_2}$, $\cdots$ 都等于零。

因此可以得到一组方程为

$$\frac{\partial \Pi}{\partial a} = \begin{bmatrix} \dfrac{\partial \Pi}{\partial a_1} \\[2mm] \dfrac{\partial \Pi}{\partial a_2} \\[1mm] \vdots \\[1mm] \dfrac{\partial \Pi}{\partial a_n} \end{bmatrix} = 0 \qquad (3.25)$$

式（3.25）用以求解 a，是与待定参数 a 的个数相等的方程组。这种求近似解的经典方法称为里兹方法。

其中对于二次泛函，式（3.25）退化为一组线性方程

$$\frac{\partial \Pi}{\partial a} \equiv Ka - P = 0 \qquad (3.26)$$

式中，矩阵 K 是对称的。

里兹方法的实质是从一组假定解中寻求满足泛函变分的最优解，近似解的精度与试探函数的选择有关。如果知道所求解的一般性质，那么可以通过选择反映此性质的试探函数来改进近似解，提高近似解的精度。

3.4.2　有限元分析软件

有限元计算流程如图 3.22 所示。

（1）对原问题进行分析，建立数学模型。

（2）根据具体问题建立不同的基本方程，例如，平衡方程、几何方程、本构方程等。

（3）进行空间离散与时间离散。

（4）针对不同问题，采用相对应的求解方法对方程进行求解。

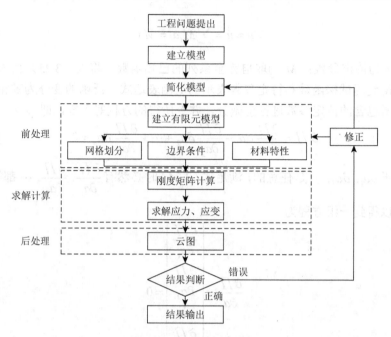

图 3.22　有限元计算流程

（5）评估有限元计算结果，解决实际问题。

在原问题的数学模型确定以后，应用有限元数值计算方法的要点可归纳如下：

（1）选用合适的方式将求解域离散为若干子域（单元）。

（2）用每个单元内假设的近似函数来分片地表示全求解域内待求的未知场变量。

（3）通过和原问题数学模型等效的变分原理或加权余量法，建立求解基本未知量的代数方程组或常微分方程组。

随着计算机水平的提高，有限元在工程中的应用越来越广泛，有限元的计算效率也逐步提高，且精度能较好地满足工程需要，已经成为现在制造企业在设计环节中必不可少的组成部分，有利于缩短新产品的研发周期、节约企业在设计环节中的成本以及为设计人员在产品初期设计提供参考，目前，常用的有限元软件有以下几种。

（1）美国 Ansys 公司的 Ansys。

Ansys 是融结构、流体、电场、磁场、声场分析于一体的大型通用有限元分析软件。在核工业、航空航天、机械制造、电子、土木工程、生物医学、水利等领域有着广泛的应用。Ansys 功能强大，操作简单方便，现在已成为国际最流行的有限元分析软件。

（2）法国达索公司的 Abaqus。

Abaqus 是一套功能强大的工程模拟有限元软件，其解决问题的范围从相对简单的线性分析到复杂的非线性问题。Abaqus 包括一个丰富的、可模拟任意几何形状的单元库。它拥有各种类型的材料模型库，可以模拟典型工程材料的性能，其中包括金属、橡胶、高分子材料、复合材料、钢筋混凝土、可压缩超弹性泡沫材料以及土壤和岩石等地质材料，作为通用的模拟工具，Abaqus 除了能解决大量结构（应力/位移）问题，还可以模拟其他工程领域的许多问题，例如，热传导、质量扩散、热电耦合分析、声学分析、岩土力学分析（流体渗透/应力耦合分析）及压电介质分析。

（3）美国 MSC 公司的 Nastran。

Nastran 作为通用有限元软件，涵盖了静力分析、屈曲分析、动力学分析、非线性分析、随机振动分析、热传导分析、流固耦合分析等模块，Nastran 作为应用最广泛的有限元独立求解器，已经成为国际公认的工业标准。其输入、输出格式及结果数据可作为中间文件被几乎所有的 CAD/CAE/CAM 和相关软件任意读取，可以不受应用软件的版本限制。Nastran 同时全面地支持国际认可的其他各类图形和数据传递标准。

第4章　大尺寸数字化测量技术

航空产品尺寸大、外形复杂、零件加工精度高、装配协调准确度要求高，在零件加工和结构装配过程中都需要进行精密的测量，以保证产品的质量。传统的测量系统已逐渐被数字化测量系统所取代，在实际工程中越来越多地使用高精度、高效率、具有多种分析与计算功能的空间大尺寸数字化坐标测量技术。在航空产品制造和装配过程用到的大尺寸精密测量技术主要基于高精度、高效率的数字化测量系统，如三坐标测量机、关节测量臂、激光跟踪仪、激光雷达、室内 GPS 和视觉测量系统等。不同的数字化测量系统测量原理、测量方法和测量范围有很大不同，其应用场景也有很大的区别，通过合理地应用大尺寸精密测量技术，可大幅度地提高测量的准确度和效率，进而提高航空装备的装配精度和装配质量。

大尺寸精密测量有别于传统的精密测量，传统的精密测量可以轻松地实现高分辨率的局部测量，但是大尺寸精密测量技术由于其复杂性成为测量领域的难题。随着我国高精密大型工业的快速发展，特别是在航空航天、船舶和大型机械制造等领域，产品的尺寸越来越大，复杂的程度越来越高，需要对大型工件进行精密位置测量以及动态的姿态测量。另外舰船、航天器、粒子加速器、大型地面望远镜等都需要准确的大尺寸计量，利用大尺寸测量仪器建立和维护系统，以确保系统准确校准。

数字化测量技术是指利用数字化的测量设备，根据产品的数字化模型定义，在计算机控制下完成部件装配中关键特征的自动、快速、精密的测量并对其数据进行处理的技术。生产产品的信息化及全球化使得一些复杂产品需要由来自世界各地生产的零部件进行无缝连接、统一装配，供应商通过多层渠道提供的大型部件必须在尺寸上满足国际标准的溯源性，并且要给出测量不确定度的说明。以大飞机制造为代表的飞机数字化制造技术的发展对数字化精密测量技术提出了一系列新的要求，尤其是要求能够进行非接触式、现场在位测量，而且能够适应不同尺寸部件，尤其是大尺寸部件或整机的测量。

大尺寸数字化测量技术是面向飞机等大型零部件加工和装配需求提出的，基于高精度、高效率的数字化测量系统，综合运用机械、电子、光学等最新研究成果，进行直线距离或空间坐标的准确测量。目前常用的数字化测量系统有三坐标测量系统、关节臂测量机、经纬仪测量系统、激光跟踪测量系统、激光扫描测量系统、室内 GPS 等。

4.1　三坐标测量系统

三坐标测量机（coordinate measuring machine，CMM）是 20 世纪 60 年代发展起来的一种新型、高效、多功能的精密测量仪器，其主要用于机械、汽车、航空、军工、家具、工具原型、机器等中小型配件、模具等行业中的箱体、机架、齿轮、凸轮、蜗轮、蜗杆、叶片、曲线、曲面等的测量，还可用于电子、五金、塑胶等行业中，可以对工件的尺寸、形状和形位公差进行精密检测，从而完成零件检测、外形测量、过程控制等任务。

按照三坐标测量机的主机结构不同，可进一步分为桥式、龙门式、悬臂式、关节臂式等（图 4.1）。不同结构的三坐标测量机的应用场景、检测精度及最大检测尺寸均不相同，需配合基体使用场景进行选择，其中桥式三坐标测量机测量精度最高，但其工件检测尺寸受限，龙门式三坐标测量机主要用于汽车、航空航天、重型运输以及模具行业，悬臂式三坐标测量机主要用于汽车行业，而关节臂式三坐标测量机则具有轻便、灵活的特点，是中小型零部件测量的首选，但其测量精度相对较低。

图 4.1　三坐标测量机

4.1.1　三坐标测量原理

三坐标测量机是由三个互相垂直的运动轴 x、y、z 建立起的一个直角坐标系，测头的一切运动都在这个坐标系中进行，测头的运动轨迹由测球中心来表示。测量时，把被测零件放在工作台上，测头与零件表面接触，三坐标测量机的检测系统可以随时地给出测球中心点在坐标系中的精确位置。当测球沿着工件的几何型面移动时，就可以得出被测几何面上各点的坐标值。将这些数据送入计算机，通过相应的软件进行处理，就可以精确地计算出被测工件的几何尺寸，如尺寸精度、定位精度、几何精度及轮廓精度等，其测量原理如图 4.2 所示。

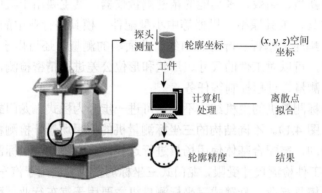

图 4.2　三坐标测量原理

4.1.2　三坐标测量系统组成

三坐标测量机是由硬件和软件两部分构成的。其中硬件部分由主机机械系统（x、y、z 三轴或其他运动执行机构）、电气控制硬件系统和测头等组成，软件部分则主要由数据处理软件系统（测量机软件）构成。

如图 4.3 所示，三坐标测量机主要由软件系统、电气控制系统、主机机械系统和测头等组成。主机机械系统包括框架、标尺系统、导轨、驱动装置、平衡部件、转台与附件、二三维测头等。

（1）框架是测量机的主体机械结构，由工作台、立柱、桥框等机械结构组成。

（2）标尺系统是测量机的重要组成部分，是决定仪器精度的一个重要环节。三坐标测量机所用的标尺有线纹尺、精密丝杆、感应同步器、光栅尺、磁尺及光波波长等。该系统还应包括数显电气装置。

（3）导轨是测量机实现三维运动的重要部件。测量机多采用滑动导轨、滚动轴承导轨和气浮导轨，而以气浮导轨为主要形式。气浮导轨由导轨体和气垫组成，有的导轨体和工作台合二为一。气浮导轨还应包括气源、稳压器、过滤器、气管、分流器等一套气体装置。

（4）驱动装置是测量机的重要运动机构，可实现机构和程序控制伺服运动的功能。在测量机上一般采用的驱动装置有丝杆丝母、滚动轮、钢丝、齿形带、齿轮齿条、光轴滚动轮等传动，并配以伺服马达驱动。直线马达驱动正在增多。

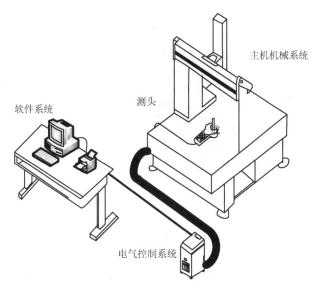

主机机械系统

软件系统　　　测头

电气控制系统

图 4.3　三坐标测量机的组成

（5）平衡部件主要用于 z 轴框架结构中。它的功能是平衡 z 轴的重量，使 z 轴上下运动时无偏离干扰，使检测时 z 向测力稳定。如果更换 z 轴上所装的测头，应重新调节平衡力的大小，以达到新的平衡。z 轴平衡装置有重锤、发条或弹簧、气缸活塞杆等类型。

（6）转台与附件，转台是测量机的重要原件，它使测量机增加一个转动运动的自由度，便于某些种类零件的测量。转台包括分度台、单轴回转台、万能转台（二轴或三轴）和数控转台等。用于坐标测量机的附件很多，视需要而定。一般指基准平尺、角尺、步距规、标准球体（或立方体）、测微仪及用于自检的精度检测样板等。

（7）二三维测头是测量系统的传感器，它可在三个方向上感受瞄准信号和微小位移，以实现瞄准与测微两种功能。测量机的测头主要有机械式测头（主要用于手动测量）、电气测头（主要用于接触式测量）、光学测头（主要用于非接触式测量）等。探测系统是由测头及附件组成的系统，测头是测量机探测时发送信号的装置，它可以输出开关信号，也可以输出与探针偏转角度成正比的比例信号，它是坐标测量机的关键部件，测头精度的高低很大程度决定了测量机的测量重复性及精度；不同零件需要选择不同功能的测头进行测量，图 4.4 展示了不同种类的测量机测头。

（8）电气控制系统是测量机的电气控制部分。它具有单轴和多轴联动控制、外围设备控制、通信控制和保护与逻辑控制等。

（9）计算机硬件部分。三坐标测量机可以采用各种计算机，一般有个人计算机（personal computer，PC）和工作站等。

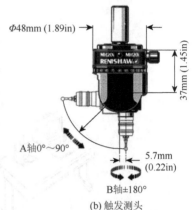

(a) 扫描测头　　　　　　　　　　　　　　(b) 触发测头

图 4.4　测量机测头

（10）测量机软件。包括控制软件与数据处理软件。这些软件可以进行坐标交换与测头校正，生成探测模式与测量路径，可用于基本几何元素及其相互关系的测量，形状与位置误差测量，齿轮、螺纹与凸轮的测量，曲线与曲面的测量等。具有统计分析、误差补偿和网络通信等功能。

4.2　经纬仪测量系统

经纬仪测量系统又称为经纬仪移动式空间坐标测量系统，它是以经纬仪作为角度传感器，配合计算机及相应的通信接口及电缆组成的。经纬仪测量系统作为大尺寸三维工业测量系统具有测量目标广泛、测量范围大、非接触、精度高、系统稳定等优点，广泛地应用在航空航天、水利水电、汽车制造、天线、造船、测绘等诸多领域中。

4.2.1　经纬仪测量系统原理

经纬仪测量原理是空间前方交会测量方法，它与全站仪极坐标测量系统被称为现代三维坐标测量技术的新方法。

测量系统由两台或数台电子经纬仪与计算机联机加上高精度的基准尺构成，在联机通信、数据采集、系统定向、基线解算、设备坐标解算、粗差探测、坐标转换、型面拟合、精度估计以及相应的图形显示下，进行无接触的高精度测量。

经纬仪测量系统采用空间前方交会原理，如图 4.5 所示，由两台电子经纬仪构成的经纬仪测量系统，设一台经纬仪的水平轴与垂直轴的交点为测站的坐标原

点 T_1，另一台仪器的两轴的交点为 T_2。T_1、T_2 两点的连线在水平轴上的投影为 x 轴，过 T_1 点的铅垂线方向为 z 轴，y 轴由右手法则确定，构成测站坐标系。

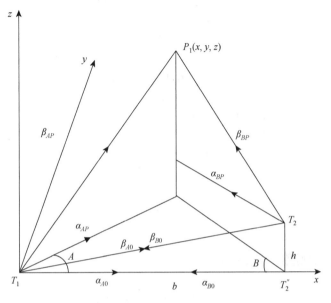

图 4.5 空间前方交会原理

在测量 P 点的坐标前必须已知的定向参数有 T_1、T_2 在 x 轴上的投影距离，即基线长 b，T_2 和 T_2'' 之间的 z 方向的高差 h，两台电子经纬仪连线所确定的水平方向观测值 α_{A0}、α_{B0}，同时也可以得到垂直方向观测值 β_{A0} 和 β_{B0}。当两台电子经纬仪瞄准空间一个采样点 P 时，可以得到 4 个方向的观测值：经纬仪 T_1 瞄准 P 时水平方向观测值 α_{AP}、垂直方向观测值 β_{AP}、经纬仪 T_2 瞄准 P 时水平方向观测值 α_{BP}、垂直方向观测值 β_{BP}。

根据经纬仪的水平角度沿顺时针方向增大的规律，经纬仪 T_1 和经纬仪 T_2 对 P 点的水平方向的观测值 HZ_A 和 HZ_B 为

$$HZ_A = \begin{cases} \alpha_{A0} - \alpha_{AP}, & \alpha_{A0} \geqslant \alpha_{AP} \\ \alpha_{A0} - \alpha_{AP} + 360°, & \alpha_{A0} < \alpha_{AP} \end{cases} \tag{4.1}$$

$$HZ_B = \begin{cases} \alpha_{BP} - \alpha_{B0}, & \alpha_{B0} \leqslant \alpha_{BP} \\ \alpha_{BP} - \alpha_{B0} + 360°, & \alpha_{B0} > \alpha_{BP} \end{cases} \tag{4.2}$$

经纬仪 T_1 和经纬仪 T_2 对 P 点的垂直方向的观测值 V_A 和 V_B 为

$$V_A = \begin{cases} \beta_{AP} - \beta_{A01}, & \beta_{AP} \leqslant 180° \\ \beta_{A0} - \beta_{AP}, & \beta_{AP} > 180° \end{cases} \tag{4.3}$$

$$V_B = \begin{cases} \beta_{BP} - \beta_{B01}, & \beta_{BP} \leqslant 180° \\ \beta_{B0} - \beta_{BP}, & \beta_{BP} > 180° \end{cases} \tag{4.4}$$

式中，β_{A01}、β_{A0} 和 β_{B01}、β_{B0} 分别为 T_1 和 T_2 垂直度盘在盘左和盘右的起始值。设两仪器间的水平距离为 b，高差为 h，则空间某一点的坐标为

$$x = b \frac{\sin HZ_B}{\sin v} \cos HZ_A \tag{4.5}$$

$$y = b \frac{\sin HZ_B}{\sin v} \sin HZ_A \tag{4.6}$$

$$z = \frac{1}{2} \left(b \frac{\sin HZ_B \cdot \tan V_{AP} + \sin HZ_A \cdot \tan V_{BP}}{\sin v} + h \right) \tag{4.7}$$

$$h = \frac{b_0}{2} (\cot V_{AB} - \cot V_{AB}) \tag{4.8}$$

式中

$$v = 180° - (HZ_A + HZ_B) \tag{4.9}$$

4.2.2　经纬仪测量系统组成

　　经纬仪测量系统的组成包括两台或多台高精度的电子经纬仪、基准尺、计算机、三脚架等，如图 4.6 所示。

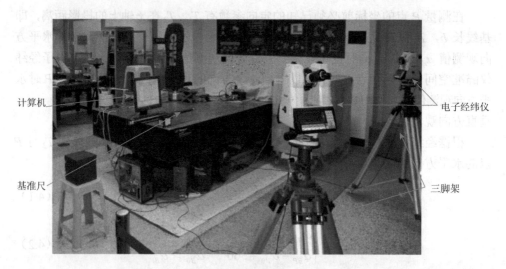

图 4.6　经纬仪测量系统的组成（耿娜，2010）

　　图 4.6 的电子经纬仪为 Leica 公司的 TM5100A，其测角精度为 0.5 角秒，首先将电子经纬仪安置在三脚架上，根据目标点的空间位置将其合理地摆放并调节

水平，测量过程中保持固定不动。系统中基准尺是必不可少的，因为基准尺的精度严重影响定向的结果进而影响测量的精度，图示基准尺长度标称值为 900.081mm。计算机在整个测量过程中起着中央控制和数据处理显示的作用，通过测量软件对电子经纬仪发送命令，控制当前工作状态。测量时电子经纬仪将测量角度值反馈至计算机，在计算机中计算测量值及进行数据处理。另外，电子经纬仪与计算机之间进行通信的通信接口、联机电缆也必不可少。

4.3　激光跟踪测量系统

激光跟踪仪（laser tracker system）是工业测量系统中一种高精度的大尺寸测量仪器。它集合了激光测距干涉技术、光电探测技术、精密机械技术、计算机及控制技术、现代数值计算理论等先进技术，对空间运动目标进行跟踪并实时测量。它具有高精度、高效率、实时跟踪测量、安装快捷、操作简便等特点，广泛地应用于航空航天等部门的零件加工检验、部件的组装、叶片型面检测、机器人检测与调整、动态跟踪和大尺寸测量。图 4.7 为激光跟踪仪及其应用。

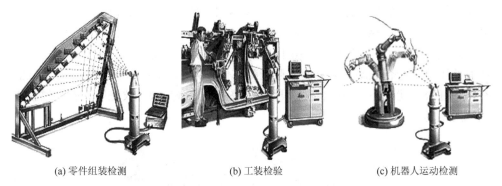

(a) 零件组装检测　　　　　　(b) 工装检验　　　　　　(c) 机器人运动检测

图 4.7　激光跟踪仪及其应用

近几十年，激光跟踪仪产品的生产也令人瞩目，Leica 公司与 BAE 公司合作开发推出了世界上第一部激光跟踪仪 SMART310，此后 Leica 公司还推出了 AT901 和 AT401 系列激光跟踪仪。FARO 公司推出的激光跟踪仪 FARO ION 因精度高、可适应性强等特点，也在激光测量产品领域占得一席之地，它独特的 Xtreme ADM[①]精度比传统的 ADM 提高了两倍。另外，美国的 API 公司以其推出产品的便携性、精装性等特点，其产品在工业领域也得到认可，如 Traker II、Traker III和 Radian 激光跟踪仪。最具代表性的激光跟踪仪产品如图 4.8 所示。

---

① 绝对距离测量（absolute distance measurement，ADM）

(a) Ltd500激光跟踪仪　　(b) AT930激光跟踪仪　　(c) FARO ION激光跟踪仪　　(d) API Radian 激光跟踪仪

图 4.8　激光跟踪仪产品

激光跟踪仪作为一种可移动式的空间坐标测量仪器一出现就受到普遍关注,它测量精度高(坐标测量精度小于 10^{-6})、测量速度快(采点最高频率可达 1000 点/s)、测量范围大(半径大于 30m),而且还可以跟踪测量动态目标点(跟踪速度可达4m/s),可提供非常准确的动态和静态坐标测量,是工业大尺寸现场测量、安装、定位、校准等方面首选的计量设备。目前国际上知名的激光跟踪仪生产商有 Leica公司、API 公司和 FARO 公司。激光跟踪仪自推出伊始就在飞机制造业大量应用,自沈阳飞机工业(集团)有限公司于 1997 年引进第 1 台激光跟踪仪后,目前国内所有的飞机制造企业均在大量使用激光跟踪仪,仅中航工业西安飞机工业(集团)有限责任公司就有不下 20 台激光跟踪仪。图 4.9 为激光跟踪仪在航空制造过程中的应用现场。

图 4.9　激光跟踪仪在航空制造过程中的应用现场

4.3.1　激光跟踪测量原理

　　激光跟踪仪测量系统是一类极坐标测量系统，如图 4.10 所示，通过对目标点水平角 α、俯仰角 β 和距离值 L 的测量，确定其空间三维坐标。测角模块一般为高精度圆光栅角度编码器，测距模块为激光干涉测距仪，对目标点进行测量时需要靶球的配合。

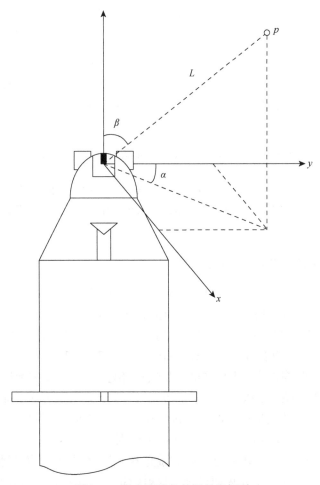

图 4.10　激光跟踪仪的测量坐标系

　　为实现对目标（靶球）的跟踪测量，在激光跟踪仪中还存在另外一个重要的模块——目标跟踪模块。该模块的核心单元是位置敏感器件（position sensitive detector，PSD），PSD 对靶球反射回的激光束的动态位置进行测量，并指挥跟踪测头自动机，使测量激光束实时指向靶球中心位置。图 4.11 为激光跟踪仪测量系统示意图。

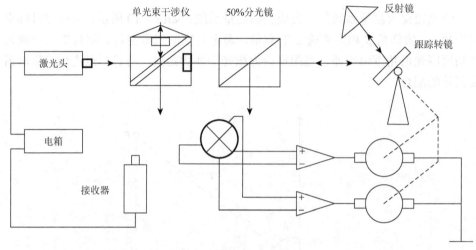

图 4.11　激光跟踪仪测量系统示意图（许友，2018）

对于激光跟踪仪测量系统，其测距模块提供了高精度的距离信息。根据测距原理的不同，可分为干涉法测量（interferometric measurement，IFM）模式和绝对距离测量模式。

1. 激光跟踪仪 IFM 干涉测距原理

IFM 干涉测距只能测量出目标点到某一个基点的相对距离，在激光跟踪仪上称该基点为"鸟巢"，"鸟巢"为一个固定的球座。测量时需进行"归巢"，"归巢"就是将靶球放置在"鸟巢"的位置，作为基准位置，并引导激光跟踪仪指向该位置的靶球，进行系统初始化。测量时，将靶球从"鸟巢"移动到目标点，其间保持测量激光束持续跟踪靶球，不允许出现断光的情况，否则需要重新进行"归巢"步骤。一般情况下，He-Ne 激光器发射的激光为可见光，波长为 632.8nm。所以，当通过记录干涉条纹移动进行测距时，每移动一个干涉条纹，目标点位移为 1/2 波长的距离。因此，测距精度可以达到亚微米级别。

如图 4.11 所示，其中光源为 He-Ne 激光器，采用经典的迈克耳孙干涉仪结构。激光干涉仪所发出的测量光束通过扫描反射镜指向目标镜，通过目标镜的反射，光束沿原光路返回。当激光束再次回到扫描反射镜时，通过一块分光镜分成两部分，其中一部分光束被二维位置敏感检测器 PSD 接收。而另一部分光束则作为测量光，并与测量系统内的参考光束发生干涉。如图 4.12 所示，通过干涉条纹的变化，即可得到被测点空间距离的相对值。

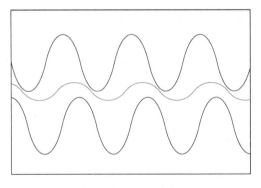

图 4.12　测距干涉信号

2. 激光跟踪仪 ADM 测距原理

由上面可知，在干涉法测距模式中，需要操作者保持激光束持续跟踪靶球，一旦出现断光，需要进行"归巢"操作，给实际测量带来了极大的不便。为了解决这个问题，相关学者提出了 ADM 模式，它结合了相位测距和激光干涉测距两种方法。在该测量模式下，即使激光束跟丢了靶球，也可以在任意位置实现对光束的续接，并进行高精度的距离测量。ADM 测距技术的出现，改变了以往激光跟踪仪的测距工作模式，测量中无须进行频繁的"归巢"操作，简化了测量过程。

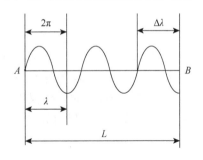

图 4.13　激光相位测距原理图

1）激光相位测距原理

激光相位测距的关键是一把等效的"光尺"，而该"光尺"是通过对光强的调制得到的。假设调制信号的频率为 f，图 4.13 为调制的波形图，波长为 $\lambda = c/f$，c 为光的传播速度。激光束从点 A 发射到点 B 时的相位变化 φ 为

$$\varphi = 2m\pi + \Delta\varphi = 2\pi(m + \Delta m)(m = 0, 1, 2, \cdots) \tag{4.10}$$

式（4.10）中的 $\Delta m = \Delta\varphi / 2\pi$。假设光从点 A 传播到点 B 的时间为 t，则可以得到 A、B 间隔的长度为

$$L = ct = c\frac{\varphi}{2\pi f} = \lambda(m + \Delta m) \tag{4.11}$$

式（4.11）为激光相位法测距公式。

所以只要得到激光的相位变化的整周期数 m 和不足一个周期数 Δm，就可以解算出两点之间的距离 L。因此，可以把调制后的光波波长 λ 看作该测距模式中的"光尺"。

实际测量时，需要借助某种反射镜放置在被测点处，使激光从测距仪发射出去后经反射镜的反射，沿着原光路回到发射器，然后通过测距仪内部的测相模块分析得出相移。所以这时的光路传播可以等效为图 4.14，并且有 $AB = BA'$，$AA' = 2L$，由式（4.11）可得 $2L = \lambda(m + \Delta m)$，所以有

$$L = \frac{\lambda}{2}(m + \Delta m) = L_s(m + \Delta m) \tag{4.12}$$

式中，可以把 L_s 等效看作长度量度的"光尺"。

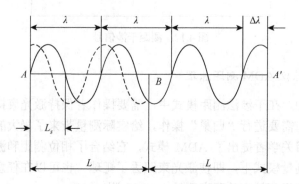

图 4.14　激光经距离 2L 后的相位变化

由前面分析可知，相位法测距只能测量出小于 2π 的相位差 $\Delta\varphi$，所以只能得到余数 $\Delta m = \Delta\varphi/2\pi$，而前面的整数部分却无法得知。所以当所要求的测量距离大于调制的"光尺"时，仅仅用一把"光尺"是得不到被测距离的。只有当整数部分 m 等于 0 时，可以得到被测距离为

$$L = \frac{\lambda}{2}\frac{\Delta\varphi}{2\pi} \tag{4.13}$$

所以可以通过改变调制频率，当 $L_s > L$ 时，即可达到要求进行测量，但是随着"光尺"的增大，测量误差也随之增大。所以为了实现高精度的大尺寸测量，可以结合长度不等的测量"光尺"，使用长距离的"光尺"来达到测距量程指标，用相对较小的"光尺"来保证测距精度。

2）直接测尺频率

激光相位法测距的关键在于测量"光尺" L_s 的选取，由测量"光尺"的长度可反算得到其调制频率

$$f_s = c / 2L_s \tag{4.14}$$

此测量方式的测尺频率 f_s 和测量"光尺" L_s 有着一一对应的关系。因此，测量"光尺"的长度是由测尺的频率唯一确定的，即直接测尺频率方式。如果测距仪量程达到数百千米，此时需要三把测量"光尺"，分别为 $L_{s1} = 10^5\text{m}$，$L_{s2} = 10^3\text{m}$，

$L_{s3} = 10m$，相应的激光调制频率为 $f_{s1} = 1.5kHz$，$f_{s2} = 150kHz$，$f_{s3} = 15MHz$，然而，要求相位测距系统在如此宽的频带范围内都保持 1% 的测量精度技术难度极大。所以直接测尺频率方式比较适用于短距离测量。

3）间接测尺频率

另外一种为间接测尺频率。在实际测量过程中，有时候对量程的要求很高，间接测尺频率方式广泛地应用于实际工程测量。若用两种不同的频率 f_{s1} 和 f_{s2} 调制的光波同时对位移 L 进行测量，可得

$$L = L_{s1}(m_1 + \Delta m_1) \tag{4.15}$$

$$L = L_{s2}(m_2 + \Delta m_2) \tag{4.16}$$

式中，m 是完整的波长数，将式（4.15）两侧同时乘上 f_{s2}，式（4.16）两侧同时乘上 f_{s1} 后两式相减，可得

$$L = \frac{L_{s1} \times L_{s2}}{L_{s1} + L_{s2}}[(m_1 - m_2) + (\Delta m_1 - \Delta m_2)] = L_s(m + \Delta m) \tag{4.17}$$

式中，$L_s = \dfrac{L_{s1} \times L_{s2}}{L_{s1} + L_{s2}} = \dfrac{1}{2}\dfrac{c}{f_{s1} - f_{s2}} = \dfrac{1}{2}\dfrac{c}{f_s}$，$f_s = f_{s1} - f_{s2}$；$m = m_1 - m_2$；$\Delta m = \Delta \varphi / 2\pi$，$\Delta \varphi = \Delta \varphi_1 - \Delta \varphi_2$。$L_s$ 表示一个等效的测量"光尺"长度，f_s 为该测量"光尺"的频率，这样用 f_{s1} 和 f_{s2} 分别测量该距离时的相位 $\Delta \varphi$ 相等。一般情况下，定义 f_{s1} 和 f_{s2} 为间接测尺频率，差频频率等效于相对测尺频率。

通过对相位法测距原理的分析可以知道，发射激光的频率越高，测量的误差就越小，若频率带宽越小，其观测值的最小距离就越大。例如，以往的 ME5000 测距仪，它的工作频率为 510MHz，频带宽为 20MHz，观测值的最小值为 20m，系统的最大量程可以达到 8km，误差可以控制在 $\pm200\mu m + 0.2\mu m/m$，极大地提高了基于相位测距法的测量仪器的精度。

正是由于相位法测距技术的发展和成熟，Leica 公司把 ME5000 测距仪的高精度相位法测距技术应用于其 LTD 系列的激光跟踪仪中，使激光跟踪仪成功实现了绝对测距的功能。经过相关的测距算法和技术的优化后，该跟踪仪的 ADM 工作频率可以达到 900MHz，频率带宽为 150MHz，测量距离的最小值可以至 0m，测量误差可以控制在 $\pm50\mu m$ 以内。

Leica 公司在 ADM 测距技术的基础上进一步发展了绝对干涉法测量（absolute interferometric measurement，AIFM）高精度测距技术。以 Leica AT960 为例，其中的测距模块采用 ADM 测距技术，由于 ADM 测距技术获取目标响应时间慢，所以结合 IFM 技术，形成了 AIFM 技术，可以实现快速高精度的读数。并且在其量程范围内的坐标测量不确定度为 $U_{(x, y, z)} = \pm15\mu m + 6\mu m/m$，距离测量精度 $U = \pm0.5\mu m/m$。同时，为了实现对目标的快速跟踪，AT960 采用了强力锁定（power lock）技术，该技术可以自动找寻一定范围内的靶球，进而实现快速断光续接。

4.3.2　激光跟踪测量系统组成

如图 4.15 所示,激光跟踪测量系统包括反射镜、角度编码器、电机、位置探测器、分光镜、干涉镜、绝对距离探测器等部分,可以轻松实现目标的静态坐标测量和动态轨迹跟踪,是一种高精度、高分辨率、大范围、智能化动态测量仪器。

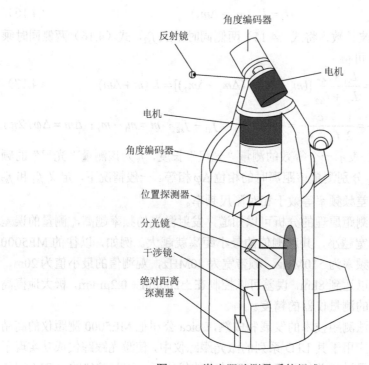

角度编码器

反射镜

电机

电机

角度编码器

位置探测器

分光镜

干涉镜

绝对距离
探测器

图 4.15　激光跟踪测量系统组成

激光跟踪测量系统主要由以下五部分组成。

1)距离测量部分

包括激光干涉法距离测量装置和放置在被测物体上的逆反射器等。由 IFM 装置和 ADM 装置分别进行相对距离测量和绝对距离测量。IFM 装置基于光学干涉法的原理,通过测量干涉条纹的变化来测量距离的变化量,因此只能测量相对距离。而跟踪头中心到"鸟巢"的距离是已知固定的,称为基准距离。ADM 装置的功能就是自动重新初始化 IFM 装置,获取基准距离。ADM 装置通过测定反射光的光强大小来判断光所经过路径的时间,来计算出绝对距离。当反射器从鸟池内开始移动时，IFM 装置测量出移动的相对距离，再加上 ADM 装置测出的基准距离，就能计算出跟踪头中心到计算点的绝对距离。

2）角度测量部分

包括方位角和高度角的角度编码器。其工作原理类似于电子经纬仪、电动机驱动式全站仪的角度测量装置，包括水平度盘、垂直度盘、步进电动机及读数系统，由于具有跟踪测量技术，它的动态性能较好。

3）跟踪控制部分

包括控制器、力矩电机和位置检测器。逆反射器反射回的光束经过分光镜时，有一部分光进入位置检测器，当逆反射器移动时，这一部分光将会在位置探测器上产生一个偏置量，根据偏移值，位置检测器输出偏移信号至控制器控制力矩电机直到偏移值趋向零，从而达到跟踪的目的。因此当逆反射器在空间运动时，激光跟踪头能一直跟踪逆反射器。

4）测量电路部分

该部分用于读出距离变化量和两个编码器的输出脉冲数。与计算机之间进行大量的数据交换，计算机进行数据处理，实时显示运动目标的三维位置。

5）主动式温控系统

激光头全封闭设计：内部具有温度控制系统，如图 4.16 所示，使激光跟踪仪主机内部温度恒定，其环境温度对激光跟踪仪内部环境没有影响，所以使用中能保持良好的精度可靠性。

图 4.16　主动式温控系统

4.4　激光扫描测量系统

三维激光扫描技术又称为高清晰测量或者实景复制技术，通过高速激光扫描测量的技术方法，大面积、高分辨率地快速完成对物体表面三维坐标、反射率、RGB 颜色等信息的获取，通过这些大量密集的点信息结合现代的计算机技术可以快速地复建出被测对象的 1：1 真彩色三维点云模型，再通过与各个领域的专业软件进行对接，可以对扫描数据或者复建模型进行丰富、多样化的内业处理及数据分析工作。鉴于三维激光扫描技术的诸多优势，该技术已经成为测绘领域中的研究热点，并已较为广泛地应用于文物保护、大型建筑的变形监测、植物建模、隧道工程等不同领域。

4.4.1　激光扫描测量原理

三维激光扫描是对确定目标的整体布局或局部进行完整的三维坐标数据测量，激光测量单元从左到右，从上到下进行全自动高精度的步进测量（即扫描测量），进而得到完整的、全面的、连续的、关联的全景点坐标数据，这些密集和连续的点数据称为点云。这就使三维激光扫描量技术发生了质的飞跃，这个飞跃也意味着三维激光扫描技术可以真实地描述目标的整体结构及形态特性，并通过扫描测量点云编织出来的外皮来逼近目标的完整原形及矢量化数据结构，这里统称为目标的三维重建。

激光三角原理是获取物体三维点云最常用的方法之一，这种方法简单可靠，测量精度较高，因此被广泛应用。线激光扫描的基本原理就是采用激光三角原理。激光三角原理按照激光的照射方向及角度可分为斜射三角原理和直射三角原理，由于直射三角法打出的激光线斑更集中更细更亮，所以直射三角原理抗干扰能力更强，而且激光直射使得整个系统结构更加紧凑，因此直射三角原理在工程应用中很广泛。直射激光三角原理图如图 4.17 所示。

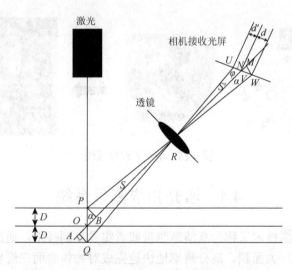

图 4.17　直射激光三角原理图（苏云龙，2019）

激光直射到被测物表面的反射线与激光线所成的角度为 α，反射光线与相机

接收光屏的夹角为 φ，照射点 O 与透镜 R 之间的物距距离为 S，相机接收光屏接收的点 N 与透镜 R 之间的像距距离为 S'，假设被测物往上平移距离 D，相机光屏中接收的光斑移动距离 d，做相应的辅助垂线，可知三角形 PRB 与三角形 WRM 相似，根据三角形相似原理可得

$$\frac{PB}{WM} = \frac{RB}{RM} \tag{4.18}$$

即

$$\frac{PB}{WM} = \frac{RO - RB}{RN + NM} \tag{4.19}$$

于是可得

$$\frac{D\sin\alpha}{S\cos\alpha} = \frac{S - D\cos\alpha}{S + D\cos\varphi} \tag{4.20}$$

最终可得式（4.21）：

$$D = \frac{ds\sin\varphi}{S\sin\alpha + d\sin(\alpha + \varphi)} \tag{4.21}$$

同理，当被测物往下平移距离 D'，相机光屏中的光斑移动距离 d'，最终计算可得到式（4.22）：

$$D' = \frac{ds\sin\varphi}{S\sin\alpha - d\sin(\alpha + \varphi)} \tag{4.22}$$

其中相机摆放的位置及角度可以按照如下方法计算得到，设定测得的最高距离为 H，此时相机中对应光斑位移为 h，当达到最高测量距离时，设定物距距离为 L，此时对应的像距距离为 l，透镜的焦距为 f，则根据透镜成像原理可以得到

$$\frac{1}{L} + \frac{1}{l} = \frac{1}{f} \tag{4.23}$$

根据物体放大倍数 β 一定的原理可得式（4.24）：

$$\beta = \frac{h}{H} = \frac{f}{L - f} \tag{4.24}$$

结合式（4.21）、式（4.23）以及式（4.24）就可以求出反射光线与相机接收光屏的夹角 φ，再根据相机成像范围最终得到相机的摆放位置及角度。

通过线激光三角原理，借助线激光与工业相机可以获取物体的三维高度信息，再通过下面搭建的实验平台与处理方法就可得到物体的三维表面点云数据。

4.4.2　扫描测量系统的组成

如图 4.18 所示，激光扫描测量系统由地面三维激光扫描仪、数码相机、后处理软件、电源以及附属设备构成，它采用非接触式高速激光测量方式，获取地形

或者复杂物体的几何图形数据和影像数据。最终由后处理软件对采集的点云数据和影像数据进行处理转换成绝对坐标系中的空间位置坐标或模型，以多种不同的格式输出，满足空间信息数据库的数据源和不同应用的需要。

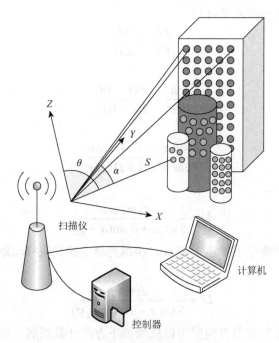

图 4.18　激光扫描测量系统的组成

4.5　室内 GPS

在工业测量领域，依据 GPS 全球定位原理开发的区域三维测量系统，即室内GPS（indoor GPS，IGPS）。它是一种具有高精度、高可靠性和高效率的测量系统，用于解决大尺寸空间的测量与定位问题。

IGPS 对大尺寸的精密测量提供了一种新的方法，IGPS 能够建立一个大尺寸的空间坐标系，所有的测量任务，如坐标测量、跟踪测量、准直定位、监视装配等都能够在这个坐标系下完成。目前，IGPS 的技术指标如表 4.1 所示。

表 4.1　IGPS 的技术指标

技术指标	技术参数
测量范围/m	2～80
激光波长/nm	785
单次测量角度/(″)	<20

续表

技术指标	技术参数
覆盖空间/(″)	水平 290，垂直 30
操作温度/℃	−10～50
空间测量精度/mm	在 10m 工作区域内，测量精度为 0.12 在 39m 工作区域内，测量精度为 0.25

在测量精度方面，该系统的最大优点是，其测量误差达到一定值后就不再随着测量范围的增大而增大，IGPS 的全域测量精度要优于激光跟踪测量仪，可允许多名技术人员手持传感器独立而并行地进行测量。IGPS 也可和其他先进的大尺寸测量系统共同使用。通过实时测量，数据可传达至柔性装配系统。

美国波音飞机制造公司从 1998 年开始研究 IGPS 测量技术，该系统已经应用于从波音 747 到 F/A18 飞机整机的装配线中。

4.5.1　IGPS 的测量原理

IGPS 主要利用三边测量原理建立三维坐标体系来进行测量。其中的测量探测器根据激光发射器投射光线的时间特征参数，计算探测器相对于发射器的方位和俯仰角，将模拟信号转换成数字信号并发送给接收处理器系统，采用光束法平差原理实现各发射器之间的系统标定，然后采用类似于角度空间前方交会的原理解算空间点位坐标及其他位置信息。

如图 4.19 所示，假设 A、B、C 三点稳定不动，它们的空间三维坐标是已知的，可以将其设为测量基点；而点 D 为动点，可以看作被测点，需要求解它的三维坐标。通过相关的测距技术手段，得到点 D 到基点 A、B、C 的距离值，通过空间圆交会原理即可得到点 D 的空间三维坐标，这就是多边法坐标测量原理的最基本思想。

IGPS 能够以水平和垂直的角度连续不断地从发射器到接收器进行测量。其中，发射器能够生成 3 种信号：两路围绕发射器头的红外激光扇形光束和一路红外发光二极管

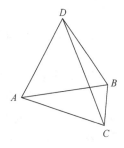

图 4.19　三边测量原理

（light emitting diode，LED）的波束。这些光信号能够利用光电检测器转化成定时脉冲信号。发射器头的旋转速度可以单独设置，并允许有差别。此外，发射器的速度被连续跟踪，以便把定时区间转化成角度。

如图 4.20 所示，两个从旋转的发射器头发出的扇束在垂直方向上为±30°。为了测量垂直角度，只需要在两路激光脉冲之间定时即可。发射器产生 2 个激光

平面在工作区域旋转。每个发射器有特定的旋转频率，大约为 3000r/min。根据接收器所能接收到的激光，它能够对水平角及垂直角进行测量。通过几个不同发射器的结合，可以计算测量点的空间位置。测量一个点所需要的最少发射器数量是2 个，发射器越多测量越精确。

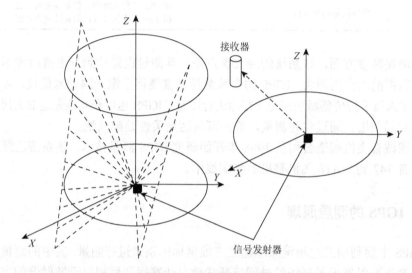

图 4.20 IGPS 的工作原理

IGPS 在完成设置后可以自动建立坐标系统。原点位于第一个发射器的中心，X 轴指向第二个发射器。整个系统通过比例尺或者矢量测量棒进行标定。

4.5.2 IGPS 的组成

IGPS 主要由以下五部分组成。

（1）发射器。标准的 IGPS 主要由 4 个计量型发射器组成，用于高精度的计量应用。在工作范围内，每个传感器（接收器）在任何时候都应至少与 3 个发射器直接交换信息。因此，发射器的需求数量应当与工作场合相适应，以保证每个传感器保持最少的在线测量要求。

（2）传感器（3D 智能靶镜）。IGPS 支持多个不同结构的传感器同时输入，确保室内 GPS 能够同时连续地读取多个传感器的坐标值。通常，要把传感器安装在工具、零件、装组件和大型构件上。安装好后，可保证同时与 3 个发射器在线通信，传感器将自动串行地把精确的 3D 坐标值传递给用户。

（3）手持探头。IGPS 在工作区域内可同时支持无数量限制的传感器。为了手工测量方便，该系统还配备了 5/6 自由度的手持工具和探头。

（4）系统软件。每套 IGPS 都配有基于位置的服务器和手持式无线客户软件，这种软件可以使用 IGPS 的所有功能，包括计量软件包。

（5）接收器电路。集成器式的接收器能使光信号被传感器接收。该接收器可以用在很多结构中。所有的接收器都可以装配在无线传输和局域网传输中。其中标准的接收器支持一个接收器和 6 个传感器的环境，双标准的接收器支持一个隐藏杆、两个传感器和 6 个发射器的环境。

4.6 飞机装配测量系统构建

在飞机数字化装配系统中，各种数字化定位器、高精密加工机床、工业机器人等设备和工装需要协同工作，实现飞机部件之间的定位、对接和装配。为了实现各个数字化设备和工装之间的同步协作，需要通过测量仪器（激光跟踪仪）建立各个数字化设备和工装间准确的相对位置关系。在飞机对接装配过程中，激光跟踪仪通过测量飞机部件上的光学工具球点的实际坐标，与飞机理论模型进行比较，来评价飞机部件的位姿精度和部件之间的对接精度。

4.6.1 翼身对接测量场的构建

飞机装配平台不仅尺寸相对较大而且结构复杂，装配平台、工装、设备和飞机部件本身会严重影响激光跟踪仪对测量目标的可测性，因此需要多台激光跟踪仪协同工作才能完成对所有检测目标点的测量工作。

为了融合不同激光跟踪仪的测量数据，需要建立能够覆盖整个装配空间的大尺寸测量场，将来自不同激光跟踪仪的测量数据转换到统一的装配坐标系下。大尺寸测量场描述的是在统一的装配坐标系下激光跟踪仪对装配空间内检测点测量到的坐标值和误差分布。只有构建了整个大尺寸测量场，才能在统一的基准上实现对数字化定位器、机器人、机床等各种工装设备的标定，实现不同设备之间的协同运动；才能在统一的基准上实现对飞机部件位姿和部件对接精度的评价。因此，大尺寸测量场的构建是飞机装配过程中数字化测量工作过程中十分重要的工作，大尺寸测量场的精度则是决定飞机装配精度的一个关键因素。

飞机数字化装配系统中涉及很多数字化定位设备、数字化测量设备、飞机部件以及各种装配工装等。这些设备和工装每个都拥有自身独立的坐标系。一般情况下，飞机数字化装配系统中的坐标系主要可分为四类，分别是装配坐标系、测量坐标系、设备坐标系和部件坐标系（图 4.21）。其中装配坐标系是整个装配空间内的参考基准坐标系；测量坐标系是在装配过程中每台激光跟踪仪自身的坐标系；

设备坐标系代表装配现场的数字化定位设备、工业机器人、精密机床、移动平台等设备和工装的位置与姿态；部件坐标系代表飞机装配部件的位置和姿态。为了实现飞机部件的自动化装配，必须首先建立各个设备坐标系和飞机部件坐标系相对于装配坐标系的关系。

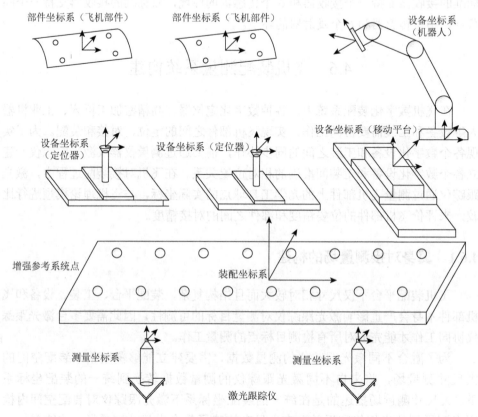

图 4.21　飞机数字化装配系统中坐标系

在飞机装配现场，激光跟踪仪是可移动的测量设备，其工作位置是可变化的，当激光跟踪仪被移动到一个新的工作位置时，其测量坐标系相对于装配坐标系而言是完全独立的。通过事先布置在现场地面或装配平台上的增强的系统参考点（enhanced reference system point，ERS），可以方便地建立激光跟踪仪测量坐标系和装配坐标系之间的相对关系。

1）飞机装配坐标系

飞机装配坐标系，也称作全局坐标系或者世界坐标系，是飞机装配系统的基础坐标系，其他所有的设备坐标系、部件坐标系都在装配坐标系下统一表示。激光跟踪仪通过 ERS 点建立测量坐标系到装配坐标系之间的相对关系，将测量结果直接转换到装配坐标系下输出。在统一的装配坐标系下，可以建立各个数字化定位设备之间的相对位置关联，实现多个数字化定位设备之间的协同运动；可以通过比较飞机部件在装配坐标系下的实际位姿和理论位姿，实现对飞机部件定位精度和飞机部件之间的对接精度的精准评价。

飞机装配坐标系应该与飞机设计坐标系重合，或者具有明确的相对关系。这样，激光跟踪仪测量数据可以直接和飞机的 CAD 数据进行比较。飞机装配坐标系相对于飞机设计坐标系的相对位置关系可以通过装配现场预先布置的基准工具球点（tooling ball point，TB）确定。

2）激光跟踪仪测量坐标系

每一台激光跟踪仪自身都定义了一个测量坐标系，测量坐标系的原点一般定义在激光跟踪仪的头部中心位置，其坐标轴的方向如图 4.22 所示。

激光跟踪仪的测量坐标系随着激光跟踪仪的位置改变而改变，其初始状态在装配坐标系下的位置是不确定的。此时，激光跟踪仪的测量数据只是在自身的测量坐标系下得到的坐标值，不同激光跟踪仪的测量数据是不相关的。为了配合不同的测量数据，可以通过测量 ERS 点实际位置来建立每个测量坐标系与装配坐标系之间的相对关系，将测量坐标系下的测量值转换到装配坐标系下。这样，所有激光跟踪仪的测量数据都在装配坐标系下，可以直接使用。

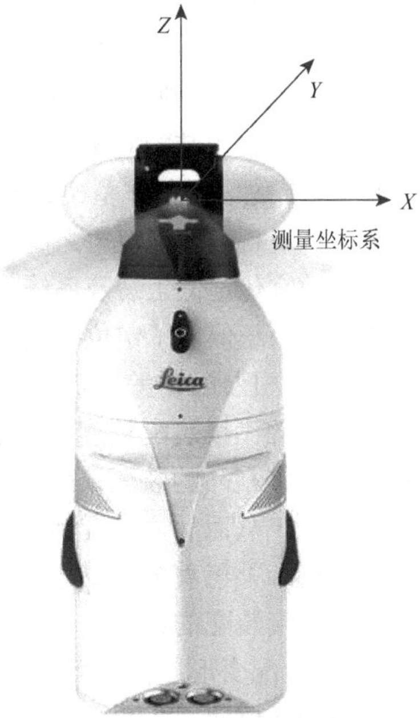

3）增强的参考系统（ERS）点

图 4.22 激光跟踪仪测量坐标系

ERS 点是装配坐标系的参考基准，被合理地布置在装配现场的地基或者平台上。ERS 点相对于装配坐标系保持固定的位置关系，即其在装配坐标系下的坐标值是固定不变的。显然 ERS 点的作用等同于装配坐标系，它是整个装配系统的测量基准，是装配坐标系的物化显示。在飞机装配系统正常工作之前，激光跟踪仪通过测量 ERS 点的实际位置来确定自身在装配坐标系下的位置和姿态，然后将自身测量坐标系下的测量结果转换到装配坐标系下输出给用户。

ERS 点作为测量系统的基准，首先必须要有稳定的基础，不易受到振动、热变形等因素的影响。ERS 点一旦发生位移，会影响整个测量场的测量精度。其次，ERS 点应该具有一定的数量，能够覆盖整个装配空间，并且应该尽量地避免布置在一条直线上。ERS 点应该分散布置，方便激光跟踪仪在装配空间的任意位置都能测量到足够的 ERS 点。

我们通过建立飞机装配的大尺寸测量场，可以使飞机数字化装配系统具有以下功能。

1）装配系统数字化集成

在飞机装配系统中，各种数字化设备具有各自独立的坐标系，测量仪器本身也是如此。如果没有统一的坐标系基准，各个设备之间的位置和姿态就无法关联，各设备只能独立运行，不能相互协同工作。而一旦建立了大尺寸测量场，所有的数字化设备可以在装配坐标系下实现定位和标定，确立数字化设备之间准确的相对几何关系和相对运动关系，为整个飞机数字化装配系统的运动协同和集成提供了可靠的数据平台与依据。

2）装配系统数字化定位

装配过程中装配对象和装配工装设备的定位问题十分复杂，传统的定位方法代价很大，首先需要制作型架、标准工装等辅助工艺装备，经过工人仔细测量和校准，才能实现设备与装配对象之间的准确定位。在数字化装配系统下，传统定位工装和工作被数字化定位工装及系统代替，先进的数字化测量设备和高度自动化程度的定位工装与系统保证了定位的快捷性、准确性，大大降低了工人劳动强度。

3）飞机装配误差评价与分析

传统的飞机装配精度依赖于装配型架和大量标准工装的制造与安装精度，很难控制最终产品的装配误差。建立大尺寸测量场，可形成一种误差传递链最短的测量方法，从而解决装配系统误差传递过程复杂、分析困难等问题，为装配系统误差分析和补偿奠定了基础。在装配过程中，通过大尺寸测量场可以实时分析飞机部件对接装配的误差，并为飞机装配容差的合理分配提供数据基础。

4）装配变形监控和可装配性评价

我们通过建立大尺寸测量场，在飞机的实际测量模型和理论模型之间建立了明确的关系，测量结果可以直接转化到统一装配坐标系下，据此可对飞机部件的状态进行计算、分析和评价。我们通过比较飞机上光学工具球点（optical tooling points，OTP）的实际坐标和理论坐标，可以对飞机部件的实际位置和姿态、是否发生变形等状态进行检测，并可以在装配活动进行前预先对飞机部件的可装配性进行评价。我们通过比较装配前后飞机上 OTP 实际位置的变化，还可以分析整个装配系统对飞机部件变形的影响。

5）设备检查和标定

大尺寸测量场的构建可方便地建立各种测量设备和其他数字化设备之间的相对关系。我们通过大尺寸测量场，可以方便地实现对定位器等设备进行标定和日常检测，建立设备实际运动方向与装配坐标系的偏差，为实现定位设备的实时运动补偿提供基础。由于我们建立了大尺寸测量场，设备的位置有理论模型作为精度参考的依据，这样设备的检测和标定的过程变得十分简单。

4.6.2　翼身对接测量软件

为了简化飞机大部件对接装配过程中的测量数据处理流程,还需要开发基于激光跟踪仪的数字化测量场构建系统软件。根据飞机大部件数字化装配系统设计方案,数字化测量场构建软件与装配控制软件分别负责测量检测和对接控制,两者采用 TCP/IP 协议进行数据交换。测量系统将测量数据和部件位姿发送给装配控制软件,由装配控制软件进行装配路径规划、驱动定位器各向移动,并将部件的估算位姿参数反馈给测量软件,以达到及时跟踪测量和检测飞机部件姿态的目的。

数字化测量场构建系统软件采用模块化的设计方法,软件主要包括工程管理模块、硬件通信模块、激光跟踪仪模块、测量模块、测量场构建模块、可视化仿真模块、数据处理模块,各模块的详细设计功能如图 4.23 所示。

1)工程管理模块

工程管理模块主要实现测量任务工程文件的新建、打开、保存和关闭,以及工程项目的添加和删除。系统提供新建工程向导,用户依次添加所需的硬件、飞机部件、辅助工装等。保存测量任务后,用户只需再次打开此工程,便可查看所有相关的测量数据。

2)硬件通信模块

硬件通信模块负责建立系统与激光跟踪仪、装配控制软件之间的通信连接,完成激光跟踪仪测量数据和定位器状态参数的传递,发送飞机部件位姿参数、运动控制命令以及接收定位器位置的反馈信息等。连接成功后,可选择断开系统与硬件的连接,中断与硬件的数据交换。

3)激光跟踪仪模块

激光跟踪仪模块主要完成激光跟踪仪的初始化、返回“鸟巢”、参数设置、精度补偿等正常使用时必要的操作。激光跟踪仪连接完成后,需要初始化一次,使激光跟踪仪恢复到初始状态。返回“鸟巢”使激光跟踪仪重新定义“鸟巢”距离,在发生断光时,需要返回“鸟巢”之后才能继续测量。激光跟踪仪的参数设置包括单位、环境参数、静态测量参数、连续测量参数、坐标系类型、搜索参数、测量方式等。精度补偿是为校准激光跟踪仪内部结构参数而进行的中间补偿,避免引入测量误差。

4)测量模块

测量模块主要完成基准点的坐标测量,为测量场构建、基准点检测、飞机装配等提供数据支持。系统软件的测量方法分为手动测量和自动测量两种。手动测量通过人工手持反射镜放置到基准点上来进行测量;自动测量将靶球固定于测

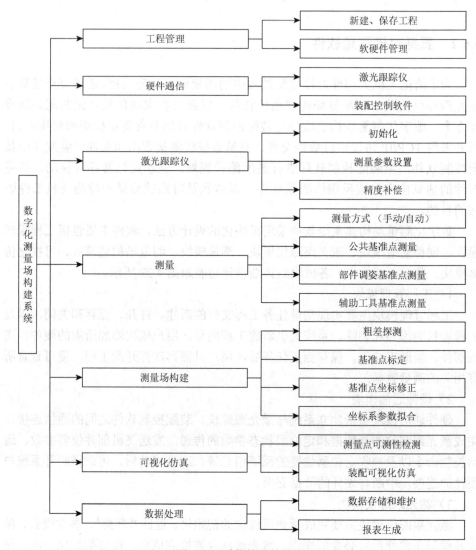

图 4.23　系统软件结构图

量点的位置，无须人工引光，通过预览镜头定位或反解算基准点测量坐标，使激光跟踪仪发射的激光对准反射镜球心所在的大致位置，激光跟踪仪自动搜索并锁定靶反射镜球心，完成测量。

5）测量场构建模块

测量场构建模块主要完成粗差探测、基准点标定、基准点坐标修正和坐标系转换参数求解等功能。根据基准点的理论坐标和测量坐标进行粗差探测，并判定基准点是否含有粗差，对含有粗差的基准点进行多次标定和坐标修正。利用一定数量且不含粗差的基准点求解坐标系之间的转换参数，构成数字化测量场。

6）可视化仿真模块

可视化仿真模块构建虚拟测量场景，辅助操作人员完成基准点布局规划和可测性检测，对数字化测量过程和部件对接现实场景进行模拟仿真，将操作人员关心的关键数据实时显示在操作界面，以直观图形的形式指导操作人员工作。

7）数据处理模块

数据处理模块主要实现大量的数值计算，维护和输出装配过程中用到的标准数据等功能。数据处理模块完成系统与动态链接库的数据传输，加快粗差探测、坐标系拟合的运算速度。需要维护的系统标准数据有装配工艺标准、基准点理论位置坐标、硬件默认参数、飞机部件与工装的三维数字模型等。

数字化测量场构建软件采用树形结构管理测量工程，利用源图形引擎环境模拟仿真测量过程。系统软件主界面主要包括"菜单和工具栏""工程树""动态仿真区""信息栏"四个区域，如图 4.24 所示。工具栏包括工程工具栏、激光跟踪仪工具栏、动态仿真工具栏。工程树区域显示该工程中包含的所有项目，每个项目前面的红色指示灯表明该项没有做好准备，绿色指示灯表明此项已经做好准备，可以进行下一项任务。当所有的指示灯都变成绿色时，表明该工程所有的任务全部完成。信息栏显示着每一步操作的提示信息。

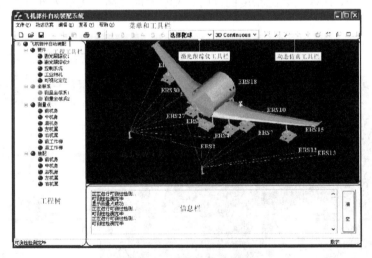

图 4.24　系统软件主界面

数字化测量场构建系统以 Leica AT901B 激光跟踪仪作为测量设备，配合调姿装配控制软件，已经成功应用于 ARJ21-700 飞机中机身和机翼的对接装配过程。ARJ21-700 飞机翼身对接装配的主要流程如下：

（1）前期准备。定位器和中机身前后工作梯恢复初始位置，将飞机机身、机翼安装在相应的定位器上。

（2）测量场构建与检验。制定激光跟踪仪站位布局或转站方案，选取公共基准点，将激光跟踪仪测量坐标系统一至全局坐标系下，检验测量场精度是否满足要求。

（3）工艺接头初始标定。测量工艺接头定位孔和辅助测量杆定位孔的坐标，计算并保存辅助测量杆定位孔与工艺接头球心的相对位置。

（4）部件测量与调姿。分别测量中机身与机翼调姿基准点，将其坐标值发送给调姿装配控制软件，由调姿装配控制软件进行部件的位置和姿态调整，完成机翼和中机身的对接装配。

（5）装配质量检测。利用 Axyz 软件测量飞机部件关键基准点，检验飞机部件装配精度是否合格。

在飞机翼身装配过程中，使用 Leica AT901B 激光跟踪仪 2 台，目标反射镜8 个。考虑到基准点精度、环境等各种因素，每个步骤采用 3～4 次重复测量，直至满足调姿装配要求。飞机部件调姿装配过程的基准点测量采用数字化测量场构建系统软件进行测量，对接装配完毕后，由 ARJ21-700 飞机生产厂家的质检部门利用 Axyz 软件对装配结果进行检验测量。

图 4.25 为 ARJ21-700 翼身对接现场图。利用大尺寸数字化测量系统提供的实时数据支持，飞机翼身自动化对接系统可以在数分钟内完成人工需要几天才能完成的对接工作，在提高装配精度的同时，大幅度地提高了飞机大部件对接的效率。

图 4.25　ARJ21-700 翼身对接现场图

第 5 章　基于机器视觉的检测技术与工程应用

随着人工智能及计算机技术的发展，机器视觉已经迅速成为人工智能领域的一个重要分支。在自动化装备领域，机器视觉得到了广泛的应用，机器视觉已经可以部分取代人工检测，极大地降低了人力成本，提高了生产效率和企业自动化程度。

机器视觉作为人工智能领域快速发展的一个分支，简单说来，就是用机器代替人眼来做测量和判断。机器视觉起源于 20 世纪 50 年代，随着模式识别技术的兴起，计算机视觉技术的研究工作主要集中在二维图像的分析、识别和理解。20 世纪 60 年代，开始了以理解三维场景为目标的三维机器视觉的研究。20 世纪 70 年代，出现了机器视觉应用系统，并首次提出了较为完整的计算机视觉理论。20 世纪 80 年代，提出了主动视觉理论框架、基于感知特征群的物体识别理论框架、视觉集成理论框架等方法。20 世纪 90 年代以后，主要向人工智能方向发展。随着技术的发展，机器视觉的各种研究理论与研究方法层出不穷，已广泛地应用于工业自动化生产线、各类检验和监视、视觉导航、图像自动解释、人机交互与虚拟现实等各个领域，研究方向主要包括照明方式、图像处理、图像分割、摄像机标定、单目视觉、双目视觉以及多目视觉等。

机器视觉是一门交叉学科，它综合了数学、光学、机械、电子、计算机软硬件等方面的技术。机器视觉发展至今，已经形成了较为完善的理论及检测体系，在一个完整的机器视觉系统中，往往包含了视觉检测系统、图像采集系统、控制系统、结构设计、检测算法以及光源等。

图 5.1 给出了一个在实际生产中应用的完整机器视觉体系，从图 5.1 中可以看出，当待检测物经过传感器后，会触发信号传递给 PC，触发工业相机对待检测物进行拍照，然后，图像采集卡收集图像信息传递给 PC，通过视觉软件进行处理，视觉软件通过处理后，通过可编程逻辑控制器（programmable logic controller，PLC）对待检测物进行一系列动作，完成检测需求。

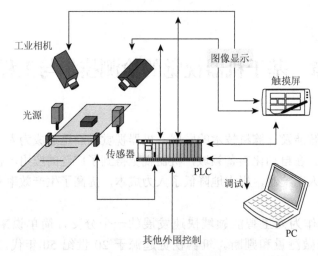

图 5.1　机器视觉系统

5.1　机器视觉的特点和应用

5.1.1　机器视觉的特点

机器视觉的引入，代替传统的人工检测方法，极大地提高了投放市场的产品质量，提高了生产效率。而相比传统的人工检测方法，机器视觉系统具有如下特点。

1）高效性

效率是企业的生命，而企业的效率往往取决于工人的熟练程度，且工人的效率往往维持在某一个区间不会有太大浮动变化，这就限制了企业的生产率。在生产过程中，由于工人容易疲劳、误判等，也造成了企业效率的降低，随着工业自动化水平的提高，这种生产模式已经不能适应企业的发展，相比而言，机器视觉的引入可以很好地解决这个问题，从而极大地提高企业的生产效率。

2）低成本

人力成本的增加导致了企业的利润不断降低。随着计算机技术的飞速发展，硬件设备的成本降低，在流水线等批量生产或者检测的过程中，越来越多的企业选用机器视觉系统，极大地降低了企业成本。

3）精度高

随着工业技术的发展，零部件的精度越来越高且零部件越来越小，依靠人工检测已经不能满足制造需求，而通过机器视觉能很好地解决人工检测的问题。

4）安全性

工业生产中，往往存在许多极端情况，有时候可能对人体造成伤害，采用机器视觉的方法能够避免工人与检测环境直接接触，通过视觉系统反馈的信息即可操作。此外，视觉系统具有较宽的光谱检测范围，可以应用于人工难以检测的红外检测等场合。

5）信息集成

机器视觉可以通过多工位测量方式，一次性完成待检产品的轮廓、尺寸、外观缺陷等多技术参数的测量；而人工检测在面对不同的检测内容时，只能通过多工位合作协调完成，而不同员工检测标准不一，极容易出现误检的情况。

正因为具有高效性、精度高、环境适应性强等人眼所不具备的优点，机器视觉得到了飞速发展，全球机器视觉市场总量为 60 亿~70 亿美元，每年增长速度为 8.8%，我国增长速度为 10%。

5.1.2　机器视觉的应用

机器视觉起初应用于半导体行业，而随着中国制造业的蓬勃发展，机器视觉的应用也越来越广泛，例如，印刷行业、汽车行业、农业、制造业、自动化行业等，近年来，机器视觉在飞机制造过程中的应用也日渐广泛，例如，铆钉尺寸测量、飞机蒙皮缺陷检测、视觉引导及装配定位等。应用集中于以下几方面。

1）定位和引导

定位就是找到被测的零件并确定其位置，输出位置坐标，绝大多数的视觉系统都必须完成这个工作；引导就是当被测物体的坐标被准确定位之后，常常需要根据前一步确定的位置来完成下一个动作，如机械手臂进行抓取、激光进行切割和焊接头进行焊接等，如图 5.2 所示。

(a) 机械手臂抓取

(b) CCD视觉定位喷射式点胶机

图 5.2　定位和引导

2）缺陷检测

目前针对产品的缺陷检测往往通过人工进行检测，漏检率较高，而通过机器视觉进行产品的缺陷检测能很好地解决这一问题，可以检测出产品的表面划痕、浅坑、浅瘤、边缘缺陷、图案缺陷、焊点缺失等一系列缺陷，如图 5.3 所示。

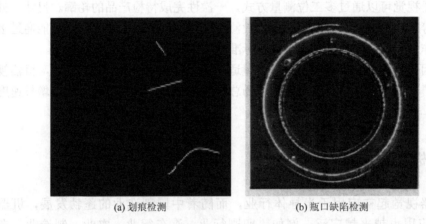

　　　(a) 划痕检测　　　　　　　　　　　　(b) 瓶口缺陷检测

图 5.3　缺陷检测（张洪铭等，2019；张田田，2009）

3）尺寸测量

尺寸测量不仅可以检测距离，还可以用来检测圆的直径、半径、角度等，如图 5.4 所示。

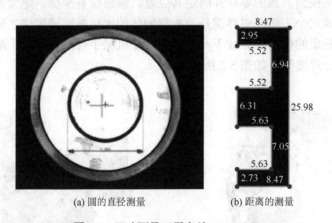

　　　(a) 圆的直径测量　　　　　　　　　　(b) 距离的测量

图 5.4　尺寸测量（周春兰，2016）

4）识别

识别在工程应用中主要集中于二维码识别、工件的符号识别、条形码读取等，图 5.5 为身份识别中使用的二维码和条形码。

(a) 二维码读取　　　　　　　　　(b) 条形码读取

图 5.5　身份识别

5.2　机器视觉系统组成

5.2.1　机器视觉硬件构成

机器视觉系统的硬件主要由工业相机、镜头、光源和控制器等部件组成。

1. 工业相机

工业相机（图 5.6）是整个机器视觉系统的核心硬件之一，其本质是通过图像采集卡把采集到的光信号转换为电信号的过程。而工业相机不同于普通相机，其具有以下几个特点：

（1）易安装，在工业应用中可以根据机械设备的调整进行安装；

（2）可靠性高，工业相机结构紧凑且不易损坏，即便在恶劣的环境中，也能满足要求，此外，工业相机可以在工程中进行连续工作，且工作时间长；

图 5.6　工业相机

（3）快门时间短，这意味着工业相机可以满足对高速运动物体的抓拍需求。

工业相机按照芯片类型可以分为电荷耦合器件（charge couple device，CCD）相机、互补金属氧化物半导体（complementary metal oxide semiconductor，CMOS）相机；按照传感器的结构特性可以分为线阵相机、面阵相机（图 5.7）；按照扫描方式可以分为隔行扫描相机、逐行扫描相机；按照分辨率大小可以分为普通分辨率相机、高分辨率相机；按照输出信号方式可以分为模拟相机、数字相机；按照输出色彩可以分为单色（黑白）相机、彩色相机；按照输出信号速度可以分为普通速度相机、高速相机；按照响应频率范围可以分为可见光（普通）相机、红外相机、紫外相机等。

在计算机视觉中，就是利用相机模型将三维空间点与二维图像点联系起来的。相机模型有很多种，一般分为线性模型（针孔模型）和非线性模型。以下主要论述线性模型。

(a) 面阵相机   (b) 线阵相机

图 5.7   面阵相机和线阵相机

相机线性模型中主要包括了世界坐标系、相机坐标系、图像坐标系和像素坐标系四个坐标系，下面主要介绍这几个坐标系之间的转换关系。

1）相机坐标系和图像坐标系的转换关系

图 5.8 为相机坐标系和图像坐标系的转换关系，分别用 $O\text{-}X_cY_cZ_c$ 和 $O_1\text{-}XY$ 表示，OO_1 表示相机焦距 f，相机坐标系中的任意点 $M(x_c, y_c, z_c)$ 在图像坐标系中的投影对应点为 $m(x, y)$。

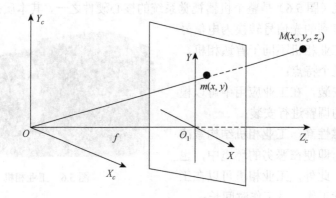

图 5.8   相机坐标系和图像坐标系

相机坐标系和图像坐标系之间的转换关系公式表示为

$$Z_c \begin{bmatrix} x \\ y \\ 1 \end{bmatrix} = \begin{bmatrix} f & 0 & 0 & 0 \\ 0 & f & 0 & 0 \\ 0 & 0 & 1 & 0 \end{bmatrix} \begin{bmatrix} X_c \\ Y_c \\ Z_c \\ 1 \end{bmatrix} \tag{5.1}$$

2）图像坐标系和像素坐标系的转换关系

如图 5.9 所示，图像坐标系和像素坐标系分别用 O_1xy 和 Ouv 表示，图像坐标系的原点在像素坐标系中的坐标为 (u_0, v_0)，并且 (u_0, v_0) 为图像中心。在确定它们的关系之前，我们可以假设每个像素在 u 轴和 v 轴方向上的物理尺寸为 dx 和 dy。

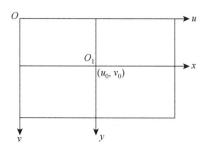

图 5.9　图像坐标系和像素坐标系

运用线性代数的知识把方程用矩阵形式表示为

$$\begin{bmatrix} x \\ y \\ 1 \end{bmatrix} = \begin{bmatrix} dx & 0 & -u_0 dx \\ 0 & dy & -v_0 dy \\ 0 & 0 & 1 \end{bmatrix} \begin{bmatrix} u \\ v \\ 1 \end{bmatrix} \qquad (5.2)$$

3）相机坐标系与世界坐标系的转换关系

这两个坐标系之间的关系我们可以旋转矩阵 R 来得到以下关系：

$$\begin{bmatrix} X_C \\ Y_C \\ Z_C \\ 1 \end{bmatrix} = \begin{bmatrix} R & t \\ 0^T & 1 \end{bmatrix} \begin{bmatrix} X \\ Y \\ Z \\ 1 \end{bmatrix} = L_W \begin{bmatrix} X \\ Y \\ Z \\ 1 \end{bmatrix} \qquad (5.3)$$

选择合适的工业相机是机器视觉系统设计中的重要环节，工业相机不仅直接决定所采集到的图像分辨率、图像质量等，同时也与整个系统的运行模式直接相关。工业相机选型的主要参数如下所示。

（1）面阵相机/线阵相机。面阵相机与线阵相机主要区别在于：线阵相机的传感器只有一行感光元素，被检测的物体通常匀速运动，利用一台或多台相机对其逐行连续扫描，以达到对其整个表面均匀检测；而面阵相机拥有以矩阵形式排列的数以万计的感光芯片，可以一次性获取图像。所以针对被测视野为细长的带状或需要极大的视野或极高的精度时，选择线阵相机。对于静止检测或者一般低速的检测，优先考虑面阵相机。

（2）分辨率。分辨率指相机每次采集图像的像素点数，由相机所采用的芯片分辨率决定，是芯片靶面排列的像元数量。面阵相机的分辨率用水平和竖直两个数字表示，如 1920(H)×1080(V)，分别表示像元的行数与列数。项目检测精度确定了分辨率的大小，通常以 3 个像素值确定图像的精度。在对同样大的视场（景物范围）成像时，分辨率越高，对细节的展示越明显，但过高的分辨率会带来帧率下降、图像处理慢的情况。

（3）帧率。相机采集传输图像的速率，对于面阵相机一般为每秒采集的帧数，对于线阵相机为每秒采集的行数。相机的帧率通常大于等于被检测物体的速度。

（4）芯片类型、大小及像素尺寸。工业相机从芯片上分，有 CCD 和 CMOS 两种。对于图像质量要求较高、应用环境较差或要求拍摄的物体处于运动状态时，通常使用 CCD 传感器并选择较大像素尺寸的相机。但随着行业的发展 CCD 和 CMOS 之间差距也在逐步减小，CMOS 改变分辨率更加灵活。

靶面尺寸大小会影响镜头焦距的长短，在相同视角下，靶面尺寸越大，焦距越长。在选择 CCD/COMS 尺寸时，需结合镜头的焦距、视角一起选择，同时要考虑物理安装空间。

（5）色彩。若要处理与颜色相关的彩色图片，则使用彩色相机，但工业彩色相机都是经过 Bayer 算法转化的彩色，与真实色彩存在差距。而在分辨率相同时，黑白相机的精度高于彩色，且其得到的是可直接处理的灰度信息，所以黑白相机应用更广泛。

2. 镜头

镜头的基本功能就是实现光束变换（调制），在机器视觉系统中，镜头的主要作用是将目标成像在图像传感器的光敏面上。镜头的质量直接影响机器视觉系统的整体性能，合理地选择和安装镜头，是机器视觉系统设计的重要环节。

镜头按外形功能分类可分为球面镜头、非球面镜头、针孔镜头、鱼眼镜头等；按尺寸大小分类可分为 1 英寸[①]、1/2 英寸、1/3 英寸、1/4 英寸等；按照特殊用途镜头分类可分为显微镜头（micro）、微距镜头（macro）、远心镜头（telecentric）、紫外镜头（ultraviolet）和红外镜头（infrared）等，如图 5.10 所示。

(a) 鱼眼镜头   (b) 远心镜头   (c) 标准镜头

图 5.10　镜头分类

---

① 1 英寸 = 2.54cm。

　　鱼眼镜头是一种焦距为 16mm 或更短的并且视角接近或等于 180°的镜头。它是一种极端的广角镜头，"鱼眼镜头"是它的俗称。

　　镜头的主要参数包括视场（field of view，FOV）、工作距离（working distance，WD）、分辨率、景深（depth of view，DOF）、焦距（f）、光圈（F 值）等，如图 5.11 所示。

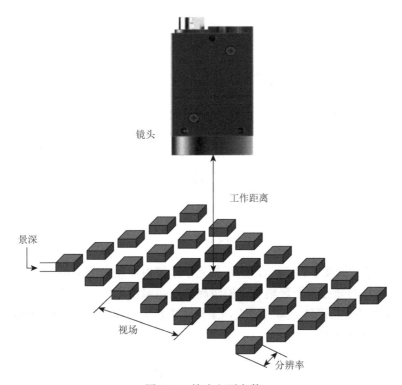

图 5.11　镜头主要参数

　　（1）视场：指观测物体的可视范围，也就是充满相机采集芯片的物体部分。

　　（2）工作距离：指从镜头前部到受检验物体的距离，即清晰成像的表面距离。

　　（3）分辨率：指在成像平面上 1mm 间距内能分辨开的黑白相间的线条对数。分辨率越高的镜头，所获取的图像越清晰细腻，但此时视野较小。在获取传感器水平或者垂直方向上的像素大小，以及该方向上物体的尺寸后，可计算出每个像元表示的物体大小，从而计算出分辨率，有助于选择与传感器配合最佳的镜头。

　　Pixel size 为像元尺寸，分辨率为

$$分辨率(lp/mm) = \frac{1000\mu m/mm}{2 \times pixelsize(\mu m)} \tag{5.4}$$

（4）景深：如图 5.12 所示，被拍摄物体聚焦清楚后，在物体前后一定距离内，其影像仍然清晰的范围。光圈越大，景深越小；光圈越小，景深越大；焦距越长，景深越小；焦距越短，景深越大。距离拍摄物体越近时，景深越小。

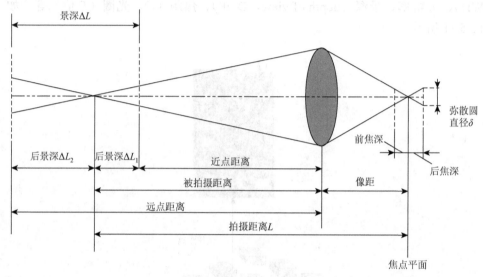

图 5.12　景深

（5）焦距：如图 5.13 所示，焦距是光学系统中衡量光的聚集或发散的度量方式，指从透镜的光心到光聚集焦点的距离，也是照相机中，从镜片中心到底片或 CCD 等成像平面的距离。焦距越大，工作距离越大，视角越小；焦距越小，工作距离越小，视角越大。

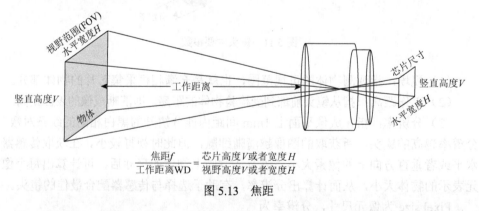

$$\frac{焦距 f}{工作距离 WD} = \frac{芯片高度 V 或者宽度 H}{视野高度 V 或者宽度 H}$$

图 5.13　焦距

（6）光圈：光圈可以控制镜头的进光量，也就是光照度，还可以调节景深，确定分辨率下系统成像的对比度，从而影响成像质量，通常情况下都将光圈设置在镜头内部。一般采用 $F/\#$ 来表示光圈，公式表示为 $F/\# = \text{EFL}/\text{DEP}$，其中 EFL 为有效焦距，

DEP 为有效入瞳直径，该公式广泛地运用于无穷远工作距离的情况。在机器视觉中，由于工作距离有限，物体与透镜非常接近，此时 $F/\#$ 更精确的表示为 $(F/\#)w \approx (1+|m|) \times F/\#$。$F/\#$ 的大小是通过改变光圈调整环的大小来设置的，随着数值的增大，其实际光孔大小也就随之减小，而其在相同快门时间内的光通量也就随之减小。

3. 光源

机器视觉系统的核心是图像采集和处理。所有信息均来源于图像之中，图像本身的质量对整个视觉系统极为关键。而光源则是影响机器视觉系统图像水平的重要因素，因为它直接影响输入数据的质量和至少 30% 的应用效果。

在机器视觉系统中，光源的作用至少有以下几种：

（1）照亮目标，提高目标亮度；

（2）形成最有利于图像处理的成像效果；

（3）克服环境光干扰，保证图像的稳定性；

（4）用作测量的工具或参照。

常见的光源有 LED 光源、卤素灯（光纤光源）、高频荧光灯。目前 LED 光源最常用，主要有如下几个特点：

（1）可制成各种形状、尺寸及有各种照射角度；

（2）可根据需要制成各种颜色，并可以随时调节亮度；

（3）通过散热装置，散热效果更好，光亮度更稳定；

（4）使用寿命长；

（5）反应快捷，可在 10μs 或更短的时间内达到最大亮度；

（6）运行成本低、寿命长的 LED，会在综合成本和性能方面体现出更大的优势。

机器视觉 LED 光源按形状通常可分为环形光源、条形光源、同轴光源、背光源、球积分光源等。

1）环形光源

特点：如图 5.14 所示，环形光源提供不同角度照射，能突出物体的三维信息，有效地解决对角照射阴影问题。高密度 LED 阵列，高亮度；多种紧凑设计，节省安装空间；可选配漫射板导光，光线均匀扩散。

应用：印刷电路板（printed circuit board，PCB）基板检测；集成电路（integrated circuit，IC）元件检测；显微镜照明；液晶校正；塑胶容器检测；集成电路印字检测；通用外观检测。

图 5.14　环形光源

2）条形光源

特点：如图 5.15 所示，条形光源是较大方形结构被测物的首选光源；颜色可根据需求搭配，自由组合；照射角度与安装随意可调。

应用：金属、玻璃等表面检查；表面裂缝检测；液晶显示器面板检测；线阵相机照明；图像扫描。

3）同轴光源

特点：如图 5.16 所示，高密度排列 LED，亮度大幅提高；独特的散热结构，延长寿命，提高稳定性；高级镀膜分光镜，减少光损失；成像清晰，亮度均匀。

应用：此系列光源最适宜用于反射度极高的物体，如金属、玻璃、胶片、晶片等表面的划伤检测；芯片和硅晶片的破损检测，Mark 点定位；包装条码识别。

图 5.15　条形光源　　　　　　　　　图 5.16　同轴光源

4）背光源

特点：如图 5.17 所示，用高密度 LED 阵列面提供高强度背光照明，能突出物体的外形轮廓特征，尤其适合作为显微镜的载物台；红白两用背光源、红蓝多用背光源能调配出不同的颜色，满足不同被测物多色要求。

应用：机械零件尺寸的测量；电子元件、IC 的引脚、端子连接器检测；胶片污点检测；透明物体划痕检测等。

5）球积分光源

特点：如图 5.18 所示，具有球积分效果的半球面内壁，均匀反射从底部 360°发射出的光线，使整个图像的照度十分均匀；红、白、蓝、绿、黄等多种颜色可选；可调制出任何颜色。

应用：适合于曲面，表面凹凸不平的工件检测；适合于表面反光较强的物体表面检测；包装检测；适用于外形相同颜色不同的工件。

图 5.17　背光源　　　　　　　　　图 5.18　球积分光源

通过适当的光源照明设计，使图像中的目标信息与背景信息得到最佳分离，可以大大降低图像处理算法分割、识别的难度，同时提高系统的定位、测量精度，使系统的可靠性和综合性能得到提高。反之，如果光源设计不当会导致在图像处理算法设计和成像系统设计中事倍功半。因此，光源及光学系统设计的成败是决定系统成败的首要因素。

根据检测产品特征选择光源，选择的光源照射的光线要能覆盖到整个产品，使整个产品区域光照强度一致；光源颜色选择是要能够让检测目标与背景有一定对比度，在黑白相机下使用与产品目标区域颜色接近的光源能够使该区域呈现更高的灰度，反之则呈现较低灰度；如果产品表面反光较强可以选用均匀性更好的无影光源，目标特征不明显则选用指向性或平行性更好的光源。

根据机构要求，光源能够满足设备的安装空间，产线的速度快就需要选择亮度更高的光源；在特殊环境（潮湿、高温）下就需要考虑光源性能（防水、散热）。

实际测试如图 5.19 所示，光源照射既要能够呈现有效对比度，也要能够保证各个区域的均匀性。一般在检测区域目标和背景会出现一个接近 255 灰度的峰值，这时对比度一般最高，加强或减弱光源亮度都会影响对比度差值。当出现较好对比图像时一定要把检测物体放在视野内的各个位置看看图像是否一致，这样才能保证在实际环境中的稳定性。

4. 控制器

运动控制就是控制机械部件按照操作人员事先规划的轨迹路径进行运动，完成相应操作，进而控制整套设备运作。常用的控制器有可编程控制器 PLC、单片机和运动控制卡。

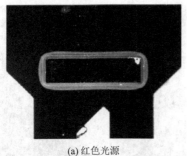
(a) 红色光源

(b) 绿色光源

图 5.19　不同光源检测对比

如图 5.20 所示，可编程控制器是一种新型的以计算机技术为基础的工业控制装置，可以通过控制电机达到控制执行的目的，它具有抗干扰能力强，易于编程控制的特点。它拥有以下功能：开关量的逻辑控制、模拟量（非直接的电信号）控制、运动控制、数据处理和通信。按 I/O 点数的多少可划分为小型 PLC、中型 PLC 和大型 PLC。PLC 硬件组成部分为中央处理器（central processing unit，CPU）模块、I/O 模块、内存、电源模块和底板，如图 5.20 所示。编程语言常用的有梯形图、功能模块图和布尔助记符。

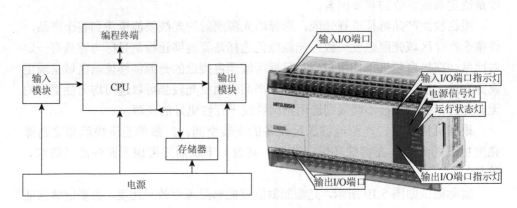

图 5.20　PLC 可编程控制器

单片微型计算机（single chip microcomputer），又称微控制器（micro controller unit）或嵌入式控制器（embedded controller）。通常是将组成计算机的基本部件微型化并集成到一块芯片上而形成的微型计算机，其片内常含有 CPU、只读存储器（read only memory，ROM）、随机存取存储器（random access memory，RAM）、并行 I/O、串行 I/O、定时器/计数器、中断控制、系统时钟及系统总线等。随着社会的发展、市场的需求以及科技的进步，单片机片内集成的功能模块越来越多，整体功能也越来越强大。图 5.21 为一种常用的单片机。

图 5.21　单片机

如图 5.22 所示，运动控制卡是基于 PC 总线，利用高性能微处理器及大规模可编程器件实现多个伺服电机的多轴协调控制的一种高性能的步进/伺服电机运动控制卡，包括脉冲输出、脉冲计数、数字输入、数字输出、D/A 输出等功能，它可以发出连续的、高频率的脉冲串，通过改变发出脉冲的频率来控制电机的速度，改变发出脉冲的数量来控制电机的位置，它的脉冲输出模式包括脉冲/方向方式、脉冲/脉冲方式。脉冲计数可用于编码器的位置反馈，提供机器准确的位置，纠正传动过程中产生的误差。数字输入/输出点可用于限位、原点开关等。库函数包括 S 型、T 型加速，直线插补和圆弧插补，多轴联动函数等。

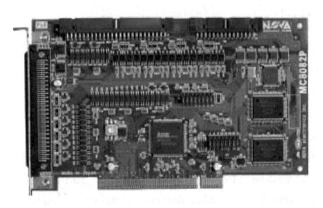

图 5.22　运动控制卡

运动控制卡广泛地应用于工业自动化控制领域中的位置控制系统和 NC 控制系统。具体就是将实现运动控制的底层软件和硬件集成在一起，使其具有伺服电机控制所需的各种速度、位置控制功能，这些功能通过计算机方便地调用。现国内外运动控制卡公司有美国的 GALIL、PMAC，英国的翠欧，中国的研控、雷赛、固高、乐创、众为兴等。

5.2.2　机器视觉系统软件

在图像处理中，可将机器视觉系统软件分为商业和非商业用途的软件，非商业软件一般是采用开源的第三方库（OpenCV 等）进行图像处理并且依靠工程师进行人工编程，而商业的视觉软件通过改进图像处理算法并对算法进行封装，极大地缩短了产品的开发周期和降低了成本，并且降低了应用难度，其常用的商业软件有 Visionpro、Halcon、MIL 等。

1. OpenCV 视觉库

OpenCV 于 1999 年由 Intel 建立，如今由 Willow Garage 提供支持。OpenCV 是一个基于 BSD 许可（开源）发行的跨平台计算机视觉库，可以在 Linux、Windows 和 Mac OS 操作系统上运行。它属于轻量级而且高效软件——由一系列 C 函数和少量 C++类构成，同时提供了 Python、Ruby、MATLAB 等语言的接口，实现了图像处理和计算机视觉方面的很多通用算法。

OpenCV 视觉库具有以下特点：

（1）跨平台——Linux，Windows，Mac OS。它独立于操作系统、图形管理器和硬件；

（2）可扩展性好，包括底层和高层的应用开发包；

（3）速度快、使用方便；

（4）免费（开放源代码）——无论非商业或商业应用，OpenCV 都是免费的，这个优点使其成为当今计算机视觉研究人员的最爱；

（5）通用的图像/视频载入、保存和获取模块。

OpenCV 的核心模块主要包括以下几种。

（1）calib3d：calib3d 是 calibration（校准）加 3d 这两个词的组合缩写。这个模块主要是相机校准和三维重建相关的内容。包括基本的多视角几何算法，单个立体摄像头标定，物体姿态估计，立体相似性算法，3d 信息的重建等。

（2）contrib：contrib 是 contributed/experimental stuff 的缩写，该模块包含了一些最近添加的不太稳定的可选功能。2.4.8 版本之后有新型人脸识别、立体匹配、人工视网膜模型等技术。

（3）core：核心功能模块，尤其是底层数据结构和算法函数。包含 OpenCV 基本数据结构、动态数据结构、绘图函数、数组操作相关函数、辅助功能与系统函数和宏。

（4）imgproc：image 和 processing 这两个单词的缩写组合。图像处理模块，这个模块包含了如下内容：线性和非线性的图像滤波、图像的几何变换、其他

（miscellaneous）图像转换、直方图相关、结构分析和形状描述、运动分析和对象跟踪、特征检测。

（5）flann：fast library for approximate nearest neighbors 的单词的首字母缩写组合，高维的近似近邻快速搜索算法库，包含两个部分：快速近似最近邻搜索和聚类。

（6）highgui：high gui，高层 GUI 图形用户界面，包含媒体的 I/O 输入输出、视频捕捉、图像和视频的编码解码、图形交互界面的接口等内容。

（7）legacy：一些已经废弃的代码库，保留下来作为向下兼容，包含运动分析、期望最大化、直方图、平面细分（C API）、特征检测和描述（feature detection and description）、描述符提取器（descriptor extractors）的通用接口、通用描述符（generic descriptor matchers）的常用接口。

（8）ml：machine learning 单词的缩写组合，机器学习模块，基本上是统计模型和分类算法，包含统计模型（statistical models）、一般贝叶斯分类器（normal bayes classifier）、K-近邻（K-nearest neighbors）、支持向量机（support vector machines）、决策树（decision trees）、提升（boosting）、梯度提高树（gradient boosted trees）、随机树（random trees）、超随机树（extremely randomized trees）、期望最大化（expectation maximization）、神经网络（neural networks）。

（9）stitching：images stitching，图像拼接模块，包含拼接流水线、特点寻找和匹配图像、估计旋转、自动校准、图片歪斜、接缝估测、曝光补偿、图片混合。

（10）video：视频分析组件，该模块包括运动估计、背景分离、对象跟踪等视频处理相关内容。

2. Visionpro 视觉软件

Visionpro 是由美国康耐视公司开发的一个商业化软件，其特性如下所示。

（1）快速开发强大的应用系统。

Cognex Visionpro 系统组合了世界上一流的机器视觉技术，具有快速而强大的应用系统开发能力。Visionpro Quick Start 利用拖放工具，以加速应用原型的开发。这一成果在应用开发的整个周期内都可应用。应用系统是通过使用基于 COM/ActiveX 的 Visionpro 机器视觉工具和 Visual Basic、Visual C++等图形化编程环境来开发的。与 MVS-8100 系列图像采集卡相配合，Visionpro 使得制造商、系统集成商、工程师能够快速开发和配置出强大的机器视觉应用系统。

（2）快速建立原型和易于集成。

Visionpro 的两层软件架构便于建立原型和集成。交互层利用拖放工具盒 ActiveX 控件以加速应用系统的开发，在程序层，将原型应用开发成用户解放方案。基于 COM/ActiveX 技术使 Visionpro 应用系统易于集成第三方应用程序（如图形函数），而且为整个机器（例如，IO、计算机控制、工厂通信）提供了基于 COM 空间应用的易于集成性。

（3）先进的机器视觉软件。

Cognex 的视觉工具库提供了用于测量、检测和识别的视觉软件程序组。即使在最具挑战性的视觉应用中，这些工具也被证实具有高可靠性。

（4）硬件灵活性。

Visionpro 的用户可以在较大范围内选择 MVS-8100 系列图像采集卡，以开发视觉应用。经 Visionpro 软件测试和证明，这些图像采集卡为主机提供了用于图像处理和显示的高速图像转移功能，以获得快速的视觉应用操作。多相机输入、高速度以及对高分辨效率的支持提高了 Visionpro 系统的采集灵活性。

图 5.23 为 Visionpro 主界面，图 5.23 上方为 Visionpro 工具栏，其中包含了 Visionpro 的工具箱、运行按钮、复位、连续运行作业、实时显示画面、创建脚本等，图 5.23 右侧为 Visionpro 在项目中具体操作流程，以工具盒的形式体现，用连线对数据的传输进行直观的连接，图 5.23 中间为整个项目运行后的结果。

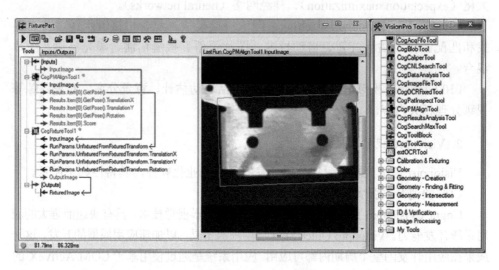

图 5.23　Visionpro 主界面

Visionpro 主要工具包括以下几种。

（1）CogBlobTool：Blob 工具是最常使用的功能。Blob 工具用于搜索斑点，输入图像中任意的二维封闭形状。使用 Blob 编辑控件可以指定工具运行时所需的分段、连通性和形态调整参数。

（2）CogPMAlignTool：PMAlign 工具可用于训练样板，然后在连续的输入图像中搜索样板。可指定执行样板训练或样板搜索时要使用的算法类型（如 PatFlex、PatQuick 等），并可选择利用图像还是利用形状模型集合创建已训练样板。输入图像内的可选搜索区域可限制样板搜索的范围。

（3）CogFixtureTool：Fixture 工具主要用于将定位坐标空间附加到输入图像，并输出更新的图像供其他工具使用。

（4）CogCalibCheckerboardTool：Checkerboard Calibration 工具编辑控件主要用于相机标定，工具中可以选择标定板的类型，此工具可校正应用程序以保证其返回的结果是有意义的值，如英寸、厘米以及毫米等。

（5）CogDataAnalysis：DataAnalysis 工具可设置容差范围以及对其他视觉工具的结果执行统计分析。此编辑控件还用于设置各种测试范围，查看单个值或总值的容差结果，以及查看之前测试结果的统计分析。

（6）CogCaliperTool：Caliper 工具可搜索投影区域中的边缘或边缘对。Caliper 编辑控件有两种模式：Single Edge 或 Edge Pair，可以在 Settings 选项卡中进行设置。Single Edge 模式用于定位边缘，Edge Pair 模式则用于定位两条边的边缘。Edge Pair 模式还可以测量两条边的边缘之间的距离。

（7）CogFindCircle：FindCircle 工具在图像的指定圆形区域上运行一系列 Caliper 工具以定位多个边缘点，然后向底层的 Fit Circle 工具提供这些边缘点，最后返回最佳拟合这些输入点的圆，同时生成最小均方根误差（RMSE）。

3. Halcon 视觉软件

Halcon 是由德国 MVtec 公司开发的一套标准的机器视觉算法包，拥有应用广泛的机器视觉集成开发环境。它节约了产品成本，缩短了软件开发周期——Halcon 灵活的架构便于机器视觉、医学图像和图像分析应用的快速开发。在欧洲以及日本的工业界，Halcon 已经是公认具有最佳效能的 Machine Vision 软件。

为了让使用者能在最短的时间内开发出视觉系统，Halcon 包含了一套交互式的程序设计接口 HDevelop，可在其中用 Halcon 程序代码直接编写、修改、执行程序，并且可以查看计算过程中的所有变量，设计完成后，可以直接输出 C、C++ 或者 COM（Visual Basic）程序代码，嵌入使用者的程序中。HDevelop 同时和数百个范例程序连接，除了个别计算功能的说明，使用者也可以随时依据不同的类别找到应用的范例，方便参考。

Halcon 提供了 40 余种相机的驱动，即使是尚未支持的相机，除了可以透过指针（pointer）轻易地抓取影像外，还可以利用 Halcon 开放性的架构，自行编写 DLI 文件和系统连接。

使用 Halcon，在设计人机接口时没有特别的限制，也不需要特别的可视化组件，可以完全使用开发环境下的程序语言，如 Visual Studio 等，架构自己的接口，而且在软件执行时只需要很少的资源。

Halcon 主要应用领域如下所示。

（1）电路板、晶片及贴片检测。

PCB、BGA、AOI/AXI、插脚和表面贴焊接机：Halcon 可以检测的缺陷精度优于 1μm。

（2）完整性检测。

焊接不充分的焊点、二极管缺失及安装方向错误的元器件：Halcon 可在 1ms 内检测出所有不完整或错位的部件。

（3）定位/校准。

区域校准、基准定位：即使部分被遮挡 Halcon 也能够以高于 1/20 像素的精度定位出目标。

（4）表面缺陷。

不同材料和不同缺陷类型，像破洞、褶皱、边缘裂痕、内含杂物、污染物、燃料缺少、划痕、污点、凹痕等，Halcon 先进的滤波技术可以有效地解决这类问题。

（5）识别。

识别与读取条码和二维码，并完成光学字符识别（optical character recongnition, OCR）处理。识别每个字符的时间小于 0.1ms。

（6）测量。

Halcon 超强的边缘检测及轮廓分析技术加上其强大的摄像机三维标定技术，使其在整个视场范围内的测量都很准确。

图 5.24 为 Halcon 的主界面，图 5.24 上方为 Halcon 的菜单栏和工具栏，通过工具栏可以实现新建程序、打开程序、逐行注释、直方图、显示参数等一系列操作，工具栏下方包含了 Halcon 的算子窗口、编辑窗口、图像显示窗口及变量窗口。

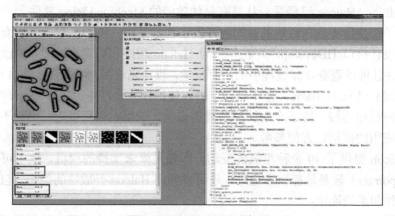

图 5.24　Halcon 主界面介绍

5.3　机器视觉算法基础

5.3.1　空域滤波

空域滤波在图像空间中借助模板对图像进行邻域操作，处理图像每一个像素的取值都是根据模板对输入像素相应领域内的像素值进行计算得到的。空域滤波基本上是让图像在频域空间内某个范围的分量受到抑制，同时保证其他分量不变，从而改变输出图像的频率分布，达到增强图像的目的。

空域滤波主要通过模板实现，模板运算是将赋予某个像素的值作为其自身灰度值和其相邻像素灰度值。空间滤波器都是基于模板卷积，其主要工作步骤如下：

（1）将模板在图中移动，并将模板中心与图中某个像素位置重合；

（2）将模板上的系数与模板下对应像素的灰度值相乘；

（3）将所有乘积相加；

（4）将上述运算结果（模板的输出响应）赋给图中对应模板中心位置的像素。

图 5.25（a）为一个 3×3 的局部像素矩阵，所标数字为像素的灰度值；图 5.25（b）为一个 3×3 模板，所标数字为模板系数。

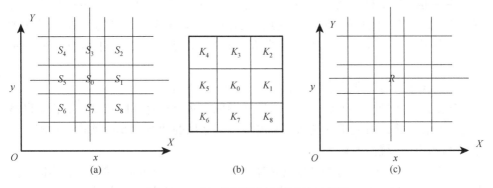

图 5.25　3×3 模板进行空域滤波示意图

若将 k_0 与 S_0 像素重合，则模板的输出响应 R 为

$$R = K_0 S_0 + K_1 S_1 + \cdots + K_8 S_8 \qquad (5.5)$$

将 R 赋值给增强图中（x，y）位置的像素作为该位置新的灰度值，就完成了对图像的滤波。

空域滤波一般分为线性滤波和非线性滤波两类。线性滤波器的设计常基于对傅里叶变换的分析，非线性空域滤波器则一般直接对领域进行操作。各种空域滤波器根据功能主要分为平滑滤波器和锐化滤波器。

（1）平滑滤波：平滑可用低通滤波来实现。平滑的目的可分为两类。一类是模糊，目的是在提取较大的目标前去除太小的细节或将目标内的小尖端连接起来。另一类是消除噪声。

（2）锐化滤波：锐化可用高通滤波来实现，锐化的目的是增强被模糊的细节或景物的边缘。

另外，结合空域滤波的线性与非线性特点，还可进一步地将其分为四类：线性平滑滤波器（低通）、非线性平滑滤波器（低通）、线性锐化滤波器（高通）、非线性锐化滤波器（高通）。

5.3.2　边缘检测

边缘检测是常见的图像基元检测的基础，也是基于边界图像分割的基础，其目的是标识数字图像中亮度变化明显的点。图像属性中的显著变化通常反映了属性的重要事件和变化，这些包括深度上的不连续、表面方向不连续、物质属性变化和场景照明变化。常用于边缘检测的方法可划分为两类：基于搜索和基于零穿越。基于搜索的方法通过寻找图像一阶导数中的最大值和最小值来检测边界，通常是将边界定位在梯度最大的方向。基于零穿越的方法通过寻找图像二阶导数零穿越来寻找边界，通常是 Laplacian 过零点或者非线性差分表示的过零点。

图 5.26 显示了不同剖面在一阶和二阶导数下的样式。

常见的边缘剖面有①阶梯状：对应于图像中两个具有不同灰度值的相邻区域之间。②脉冲状：对应于细条状的灰度值突变区域的边缘。③屋顶状：对应于上升下降沿都比较缓慢的边缘。

图 5.26（a）中一阶导数在图像由暗变明处存在明显的向上阶跃，而其他位置为零。可用一阶导数的幅值来检测边缘，幅度峰值对应边缘位置。在二阶导数图像中，存在向上和向下的阶跃，而在两个阶跃之间有一个零点，且位置正对原图像中边缘的位置。可用二阶导数在过零点附近的符号确定边缘像素在图像边缘的暗区或明区。图 5.26（b）这个图像是由明变暗，所以与图 5.26（a）相比，剖面左右对换，一阶导数上下对换，二阶导数左右对称。图 5.26（c）脉冲状的剖面边缘与图 5.27（a）一阶导数形状相同。所以图 5.26（c）的一阶导数形状与图 5.26（a）的二阶导数形状相同。而它的二阶导数过零点正好分别

对应脉冲的上升沿和下降沿。通过检测脉冲剖面的二阶导数过零点可确定脉冲的范围。图 5.26（d）屋顶状边缘的剖面可看作将脉冲边缘底部展开得到的，所以它的一阶导数是将图 5.26（c）脉冲剖面的一阶导数的上升沿和下降沿展开得到的，而它的二阶导数是由上升沿和下降沿拉开得到的。通过检测屋顶状边缘剖面的一阶导数过零点可以确定屋顶位置。

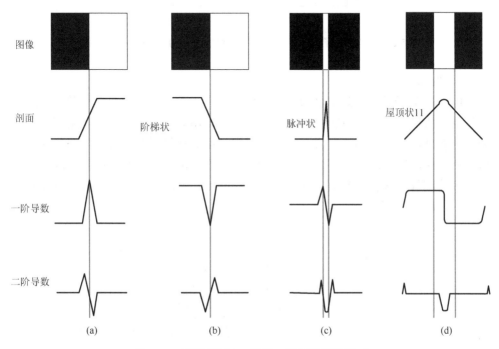

图 5.26　不同剖面在一阶和二阶导数下的样式

边缘检测常用的检测算子包括一阶导数的 Roberts 算子、Sobel 算子、Prewitt 算子、拉普拉斯算子、马尔算子和 Canny 算子。

1）Roberts 算子

Roberts 算子是一种斜向偏差分的梯度计算方法，梯度的大小代表边缘的强度，梯度的方向与边缘的走向垂直。Roberts 操作实际上是求旋转 ±45° 两个方向上微分值的和。Roberts 定位精度高，在水平和垂直方向的效果好，但对噪声敏感，它的两个 2×2 模板如图 5.27 所示。

−1	0
0	1

0	−1
1	0

图 5.27　Roberts 算子两个 2×2 模板

2）Sobel 算子

Sobel 算子是一组方向算子，从不同的方向检测边缘。Sobel 算子不是简单地求平均再差分，而是加强了中心像素上下左右 4 个方向像素的权值，运算结果是一幅边缘图。Sobel 算子通常对灰度渐变和噪声较多的图像处理得比较好。图 5.28 为 Sobel 算子在水平、垂直和对角线方向的 3×3 模板示意图。

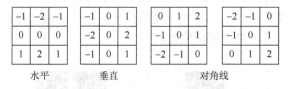

水平　　　　　垂直　　　　　　对角线

图 5.28　Sobel 算子在水平、垂直和对角线方向的 3×3 模板示意图

3）Prewitt 算子

Prewitt 算子是一种边缘样板算子，利用像素点上下左右邻点灰度差，在边缘处达到极值检测边缘，对噪声具有平滑的作用。由于边缘点像素的灰度值与其邻域点的灰度值显著不同，在实际应用中通常采用微分算子和模板匹配的方法检测图像的边缘。Prewitt 算子不仅能检测边缘点，而且能抑制噪声的影响，因此对噪声较多的图像处理得比较好。图 5.29 为 Prewitt 算子在水平、垂直和对角线方向的 3×3 模板示意图。

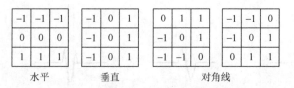

水平　　　　　垂直　　　　　　对角线

图 5.29　Prewitt 算子在水平、垂直和对角线方向的 3×3 模板示意图

4）拉普拉斯算子

拉普拉斯算子是一种常用的二阶导数算子。实际中可根据二阶导数算子过零点的性质来确定边缘的位置。对于一个连续函数 $f(x,y)$，它在位置 (x,y) 的拉普拉斯值定义如下：

$$\nabla^2 f = \frac{\partial^2 f}{\partial x^2} + \frac{\partial^2 f}{\partial y^2} \tag{5.6}$$

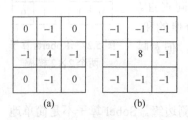

(a)　　　　　　(b)

图 5.30　拉普拉斯算子的两种模板

拉普拉斯算子的两种模板如图 5.30 所示。因为拉普拉斯算子计算的是二阶导数，所以对图像中的噪声相当敏感。此外，拉普拉斯算子检测方法常产生双像素边界，不能检测边缘的方向，所以很少直接使用拉普拉斯算子进行边缘检测，而是主要用于确定图像的暗区域或亮区域。

5）马尔算子

马尔算子是在拉普拉斯算子的基础上实现的。拉普拉斯算子对噪声比较敏感，为了减少噪声的影响，可先对图像进行平滑，然后再运用拉普拉斯算子。由于成像时，一个给定的像素点所对应场景点的周围对该点的光强贡献呈高斯分布，所以进行平滑的函数可以采用高斯加权平滑函数。马尔算子常对不同分辨率的图像分别进行处理，每个分辨率都通过二阶导数计算过零点以获得边缘图，每个分辨率的计算如下：

（1）用一个 5D 的高斯平滑模板与原图像卷积；

（2）计算卷积后拉普拉斯值；

（3）检测拉普拉斯图像的过零点作为边缘点。

6）Canny 算子

Canny 算子把边缘检测问题转换为检测单位函数极大值的问题来考虑。Canny 利用高斯模型，借助图像滤波的概念指出一个好的边缘检测算子应该具有 3 个指标：

（1）低失误率，既要尽量多地将非边缘丢弃，又要尽可能少地将非边缘判为边缘；

（2）高位置精度，检测出的边缘应在真正的边界上；

（3）单像素边缘，即对每个边缘有唯一的响应，得到的边界为单像素宽。

5.3.3　阈值分割

图像分割是图像识别至关重要的预处理，它是将感兴趣的物体或区域（目标）从背景中分割出来，是进行图像分析、特征提取与模式识别之前的必要的图像预处理过程。阈值分割是一种最常用的并行区域技术，它是图像分割中应用数量最多的一类。阈值分割方法实际上是输入图像 f 到输出图像 g 的如下变换：

$$g(i,j) = \begin{cases} 1, & f(i,j) \geqslant T \\ 0, & f(i,j) < T \end{cases} \tag{5.7}$$

式中，T 为阈值，感兴趣物体的图像元素 $g(i,j)=1$，对于背景的图像元素 $g(i,j)=0$。由此可见，阈值分割算法的关键是确定阈值，如果能确定一个合适的阈值就可准确地将图像分割开来。阈值确定后，将阈值与像素点的灰度值逐个进行比较，而且像素分割可对各像素并行地进行，分割的结果直接给出图像区域。

阈值选取可采用以下方法。

1）直方图灰度分布选择阈值

对于灰度图像，利用图像灰度统计信息的方法显示灰度分布，而分割的阈值选择在不同的山谷，一般采用一维直方图阈值化方法。从直方图中选取合适的阈值进行图像分割即可。

2）双峰法选择阈值

双峰法认为图像由前景和背景或者两簇颜色组成，在灰度直方图上，两族颜色像素灰度值的分布形成山峰状态。在双峰之间的最低谷处就是图像分割的阈值所在，根据这一原理可以简单地算出阈值，进行图像分割。

3）迭代法选取阈值

迭代法是基于逼近的思想，其步骤如下所示。

①求出图像的最大灰度值和最小灰度值，分别记为 Z_{max} 和 Z_{min}，令初始阈值 $T_0 = (Z_{max} + Z_{min})/2$；②根据阈值 $T(k)$，$k = (0,1,2,\cdots,k)$ 将图像分割为前景和背景，分别求出两者的平均灰度值 Z_1 和 Z_2；③求出新阈值 $T(k+1) = (Z_1 + Z_2)/2$；若 $T(k) = T(k+1)$，则所得即为阈值；否则转②，迭代计算。

4）大津法选择阈值

大津法属于最大类间方差法，它是自适应计算单阈值的简单高效方法，其步骤如下：

（1）计算 0～255 各灰阶对应的像素个数，保存至一个数组中，该数组下标是灰度值，保存内容是当前灰度值对应像素数；

（2）计算背景图像的平均灰度、背景图像像素数所占比例；计算前景图像的平均灰度、前景图像像素数所占比例；

（3）遍历 0～255 各灰阶，计算并寻找类间方差极大值。

5.3.4　形态学处理

数字图像处理中的形态学处理是指将数字形态学作为工具从图像中提取对于表达和描绘区域形状有用处的图像分量，如边界、骨架以及凸壳，还包括用于预处理或后处理的形态学过滤、细化和修剪等。它的实质是利用数学中的"集合"概念对图像进行处理的过程。

形态学基础操作包括以下几方面。

1）膨胀

膨胀是将灰度值大的区域增强扩展，连接相似颜色或者强大的区域，添加边界要素。

图 5.31 为图像膨胀示意图，结构元 B 可以看作一个卷积模板，区别在于膨胀是以集合运算为基础的，卷积是以算术运算为基础的，但两者的处理过程是相似的。膨胀主要过程如下：

（1）用结构元 B，扫描图像 A 的每一个像素；

（2）用结构元与其覆盖的二值图像做"与"操作；

（3）如果都为 0，结果图像的该像素为 0，否则为 1。

$$A \oplus B = \{x \mid [(\hat{B})_x \cap A \subseteq A\}$$

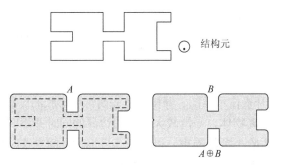

图 5.31　图像膨胀示意图

图像的膨胀常用于以下几方面：

（1）用 3×3 的结构元时，物体的边界沿周边增加一个像素；

（2）把目标周围的背景点合并到目标中，目标之间存在细小的缝隙，膨胀能将不连通目标的连通在一起；

（3）填补分割后物体中的空洞。

2）腐蚀

腐蚀是将灰度值小（暗）的区域增强扩展，去除亮的噪点，消除边界点，边界向内收缩。用以消除细小无意义的像素值。

图 5.32 为图像腐蚀示意图，对 Z 中的集合 A 和集合 B，集合 B 对集合 A 进行腐蚀的整个过程如下：

（1）用结构元 B，扫描图像 A 的每一个像素；

（2）用结构元与其覆盖的二值图像做"与"操作；

（3）如果都为 1，结果图像的该像素为 1，否则为 0。

$$A \ominus B = \{x \mid (B)_x \subseteq A\}$$

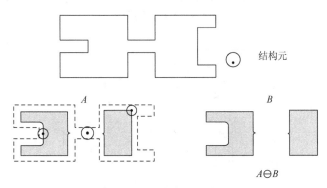

图 5.32　图像腐蚀示意图

图像的腐蚀常用于以下四方面：

（1）用 3×3 的结构元时，物体的边界沿周边减少一个像素；

（2）消除掉图像中小于结构元大小的目标物体；

（3）若物体之间有细小的连通，选择适当的结构元，可以将物体分开；

（4）不同的结构元及其不同的原点，产生不同的结果。

3）开操作

图 5.33 为图像开操作示意图。开操作是先腐蚀后膨胀的过程开运算。用来消除小物体、纤细点处分离物体、平滑较大物体的边界的同时并不明显改变其面积。开运算通常是在需要去除小颗粒噪声，以及断开目标物之间黏连时使用。其主要作用与腐蚀相似，与腐蚀操作相比，具有可以基本保持目标原有大小不变的优点。

$$A \circ B = (A \ominus B) \oplus B$$

式中，A 表示集合；B 表示结构元。

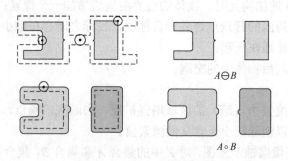

图 5.33　图像开操作示意图

4）闭操作

图 5.34 为图像闭操作示意图。先膨胀后腐蚀的过程称为闭运算。用来填充物体内细小空洞、连接邻近物体、平滑其边界的同时并不明显地改变其面积。目的是弥合较窄的间断和细长的沟壑，消除小的孔洞，填补轮廓线中的断裂。

$$A \bullet B = (A \oplus B) \ominus B$$

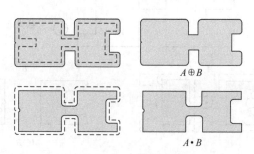

图 5.34　图像闭操作示意图

5.4　数字摄像测量 V-STARS

数字摄影测量是通过数码相机在不同的位置和方向获取同一物体的 2 幅以上的数字图像，经计算机图像匹配等处理及相关数学计算后得到待测点精确的三维坐标。其测量原理和经纬仪测量系统一样，均是三角形交会法。

数字摄影测量系统一般分为单台摄像机的脱机测量系统、多台摄像机的联机测量系统。此类系统与其他类系统一样具有精度高、非接触测量和便携性好等特点。此外，还具有其他系统所无法比拟的优点：可适应不同尺寸（0.5～100m）的测量对象，测量现场工作量小、快速、高效和不易受温度变化、振动等外界因素的干扰。国外的生产厂家和产品很多，如美国 GSI 公司的 V-STARS（video-simultaneous triangulation and resection system）和挪威 Metronor 公司的 Metronor 等。

美国早在 20 世纪六七十年代就开始大规模地将数字摄影测量技术应用于航空制造业，虽然该技术被引入国内不过六年之久，但其优势已逐步被认可，应用面也越来越广。

V-STARS 是美国 GSI 公司研制的数字摄影三坐标测量系统。V-STARS 可采用脱机和联机两种测量方式，即单相机系统和双（多）相机系统。根据采用不同的相机又可以分为智能单相机（V-STARS/S）、经济型单相机（V-STARS/E）和智能多相机（V-STARS/M）。

V-STARS/S8 系统的典型测量精度为 5mm + 5mm/m；而 V-STARS/E/M 的测量精度为 10mm + 10mm/m。

V-STARS 的应用十分广泛，包括以下几方面。

1）大型工装夹具测量

飞机生产过程中大量使用的各种工装夹具均需要精密测量数据，这类测量是 V-STARS 最基本的功能，如图 5.35 所示。

图 5.35　V-STARS 用于波音公司的工装夹具测量

2）各类模具测量

V-STARS/S 配合光学靶标用于大型模具快速数字化测量，使用遥控测头的 V-STARS/M 则可以便捷地对具有曲线特征的模具进行数字化，如图 5.36 和图 5.37 所示。

图 5.36　基于光学靶标的模具测量　　　　图 5.37　使用遥控测头的双相机测量

3）大飞机外形测绘

V-STARS 结合激光跟踪仪已经成功地协助中国商用飞机有限责任公司解决了大飞机外形测绘问题，如图 5.38 所示。

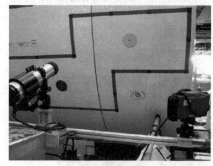
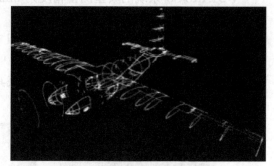

(a) 现场摄影　　　　　　　　　　　　　(b) 飞机测量数据模型

图 5.38　大飞机外形测绘

4）机翼装配质量检测

采用 V-STARS/S 对空客 A320 型飞机的机翼吊挂进行安装质量检测，目前该设备已在空中客车（天津）总装有限公司和西安飞机国际航空制造股份有限公司机翼装配厂等成功应用，如图 5.39 所示。

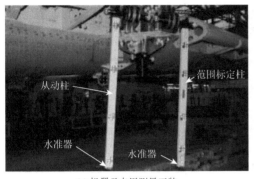

(a) 机翼及专用测量工装   (b) 现场摄影

图 5.39 机翼吊挂安装质量检测

5）引擎管道

利用 V-STARS/S 对 GE90 引擎的管道进行测量，如此狭窄的测量空间中唯有摄影测量才可实施，如图 5.40 所示。

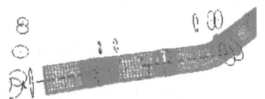

(a) 引擎管道及现场摄影   (b) 管道测量结果

图 5.40 GE90 引擎管道测量

6）大型机身自动钻孔引导测量

采用 4 台 INCA 相机组成的定制版 V-STARS/M 大型机身自动钻孔引导测量系统，成功解决了美国 SPIRIT 公司的机身自动钻孔问题，如图 5.41 所示。

7）光笔便携式三坐标测量系统

光笔便携式三坐标测量系统采用先进的照相测量技术与数字式图像处理技术。对于结构复杂的工件检测，光笔便携式三坐标系统可以避免测量时的"蛙跳"运行，并起到对起重设备的辅助作用，同时，保证了被测工件在复杂环境里的高准确度测量。其单次采集测量范围为 4m，测量范围可以利用摄影技

 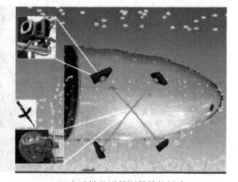

　　　　(a) 钻机及钻头　　　　　　　　　　　　　(b) 自动钻孔引导测量整体组成

图 5.41　大型机身自动钻孔引导测量

术原理随意扩展，在 $7.8m^3$ 的测量范围，体积精度为 $85\mu m$。通过设置在工件上的靶标点，在扩展后的测量范围内，测量系统实现自动对齐功能，精度并不受损失。

　　数字化测量系统正朝着便携、网络、精密、高效方向发展。数字化测量也从单一技术走向多传感技术的融合，进而构建一个多传感融合的数字化测量网络，为未来工厂的大尺寸测量提供了一种先进的数字化解决手段。

5.5　基于机器视觉的铆钉自动检测系统

　　铆钉是飞机上的一种重要的连接紧固件。一架大型飞机的装配，大约需要 150 万个铆钉，可以看出在飞机装配过程中，铆钉有着举足轻重的作用。其中，铆钉几何尺寸精度是决定铆钉铆接质量的重要影响因素。所以，铆钉轮廓尺寸的检测对于保证飞机连接质量具有重大的意义。目前采用的铆钉尺寸常规检测方法，受主观因素影响大，严重制约着检测的效率和质量。本节采用基于工业相机的机器视觉检测方法，开发高精度、高效率的铆钉尺寸自动化柔性检测系统，在智能制造生产中有十分广阔的应用前景。

5.5.1　铆钉自动检测设备的组成

　　铆钉自动检测设备可用于型号 YSA651-4×8、YSA621-5×12、YSA621-6×11 沉头铆钉（航标）尺寸的测量，并且设备仅限于这三种型号的铆钉尺寸检测。主要测量尺寸包括铆钉帽直径、铆钉帽高度、铆钉帽角度、铆钉整体高度、铆钉身直径。图 5.42 为不同类型铆钉示意图。

图 5.42　不同类型铆钉示意图

系统主要由三大部分组成，分别是机械结构部分、电气控制部分和软件部分，图 5.43 为铆钉检测系统示意图。

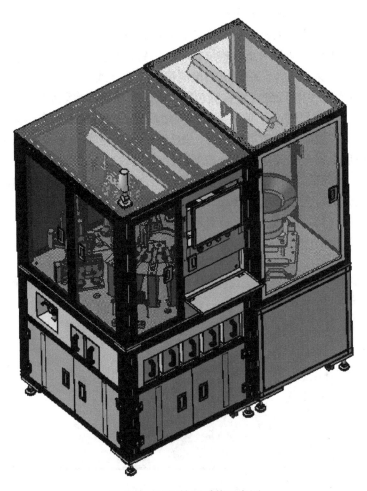

图 5.43　铆钉检测系统示意图

1）机械结构部分

主要分为铆钉自动上料机构、转盘机构、铆钉位置纠正机构、各挡位收料机构。

2）电气控制部分

包括相机伺服电机运动部分、光纤检测部分、影像检测部分、排料部分。

3）软件部分

软件的总体结构由多个模块组成，其大致分为编码器数据采集模块、影像采集处理模块、参数配置模块、尺寸分拣模块、排料模块、数据存储模块。

5.5.2　铆钉自动检测系统应用

铆钉检测系统工作流程如下所示。

首先，振动盘开始上料，铆钉会被竖立在转盘边缘位置跟随转盘一起运动。

其次，当铆钉运动到纠正机构位置时，铆钉的位置被纠正到距转盘边缘位置保持一致，这样保证了铆钉距相机的检测位置全部一致。

再次，铆钉继续转动到光纤检测位置，从该位置起开始记录铆钉的运动位置，每个铆钉的运动位置都会记录下来，继续运动到相机 1 位置时触发相机 1 拍照，运动到相机 2 位置时触发相机 2 拍照，运动到相机 3 位置时触发相机 3 拍照，相机拍照处理后根据分挡尺寸进行分挡处理。

最后，当铆钉运行到相应的挡位位置后，铆钉会被吹入收料盒中，其中挡位有 7 个，且分别对应 7 个收料盒。

在铆钉检测初期，为了准确地对铆钉进行识别与尺寸检测，必须对铆钉的图形进行定位及比例调试，比例调试界面如图 5.44 所示，定位的目的是抓取铆钉图

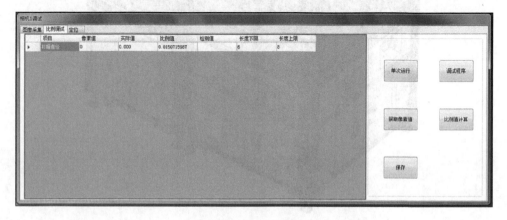

图 5.44　比例调试界面

像，由于铆钉检测参数较多，当检测铆钉直径时，采用的定位方法是模板匹配，对抓取的铆钉图像进行训练，方便后期定位，而检测铆钉尺寸时，采用了找线的方法进行定位；比例调试的目的是将像素尺寸与实际尺寸进行转换，由于本例中相机在检测过程中畸变的影响可以忽略，所以可以直接采取比例调试的方法代替标定板进行标定，定位界面如图 5.45 所示。

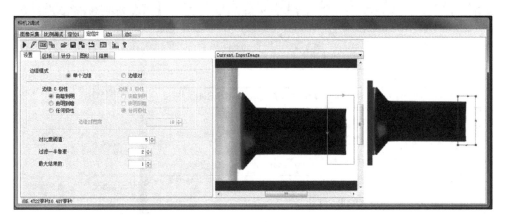

图 5.45　定位界面

图 5.46 为铆钉检测界面，该界面有五个窗口布满显示屏，上方是三个相机的拍照画面窗口，左下方是产品检测结果窗口，右下方是控制台。上面三个窗口是相机对应的三个图像窗口，显示检测时的图像信息，左边的相机为俯视相机用于测量顶帽直径，中间相机用于测量钉身直径，右面相机用于测量铆钉全高、钉帽高度、钉帽角度，检测结果如图 5.46 所示，从图 5.46 中可以看出，铆钉的直径、尺寸及角度信息均被很好地检测出来。图 5.46 中左下方窗口为产品测量结果窗口。该窗口内显示了较多的信息，窗口标题栏为产品型号，窗口中共有三个选项卡，分别是"结果显示""监控信息""错误代码查询"。"结果显示"选项卡，从上到下，从左到右，依次显示了生产速度、产品的间隔距离、当前已完成检测的产品个数、距离过近的产品个数；生产速度报警、电机急停、产品连续不良报警、电机急停的报错代码（前三项报警时后面的灰色方框会变为红色）；相机 1 钉帽直径、相机 2 钉身直径、相机 3 钉帽高度、铆钉高度、钉帽角度的测量数据；三个相机测出的不良数量和良品数量、五个挡位和 NG 挡位的数量。通信选项卡下是相机拍照良品和不良的信号。监控信息显示了七个轴的 IO 口状态、运动状态、运动参数和反馈。错误代码查询选项卡是转盘电机出错后，在报错代码一栏会显示报错代码，根据错误代码，查询相关信息，解决问题。

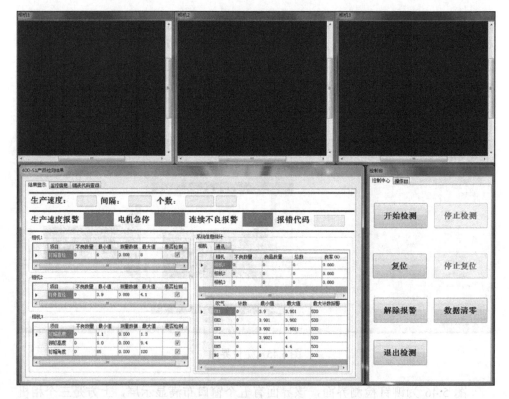

图 5.46　铆钉检测界面

图 5.47 为铆钉特征尺寸在不同转速下的检测结果,从图 5.47 中可知,随着转动平台转速增加,铆钉特征尺寸随之减小,而在实际测试过程中,铆钉的尺寸检测精度能达到 0.01mm,且检测效率维持在 100 个/min 以上,由此可见,基于机器视觉的铆钉检测不仅具备较高的检测精度,提高了铆钉检测效率。

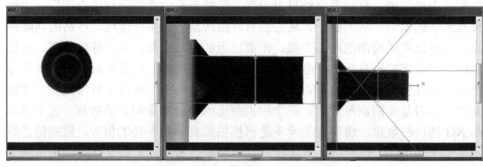

(a) 实时检测画面

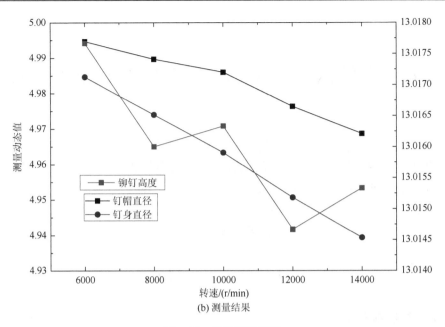

(b) 测量结果

图 5.47　铆钉检测结果

第6章 身份识别技术、传感器技术和智能感知技术

智能化是航空制造装备研制的主要发展方向，智能化制造装备可提高机器的自动化程度及智能化水平、提高设备的可靠性、降低维护成本和故障自动化诊断。航空制造装备的智能主要表现为具有感知能力、定位能力、信息互联和控制决策能力。其中身份识别技术、传感器技术和智能感知技术是实现智能装备感知的基础，构成了信息物理融合系统的重要组成部分。

6.1 身份识别技术

6.1.1 条形码技术

条形码（barcode）是将宽度不等的多个黑条和空白，按照一定的编码规则排列，用以表达一组信息的图形标识符。宽度不同的条、空及其对应字符组成的标记，用以表示一定的字符、数字以及符号信息。到目前为止，常见的条形码制大概有二十多种，其中广泛使用的码制包括 ENA（european article number）码、Code39 码、交叉 25 码、UPC 码、128 码、Code93 码等，不同的码制具有不同的特点。

图 6.1 为 EAN-13 码的编码结构。EAN 是欧洲物品编码的缩写。EAN-13 条码表示代码由 13 位数字组成，其中前 3 位数字为前缀码，目前国际物品编码协会

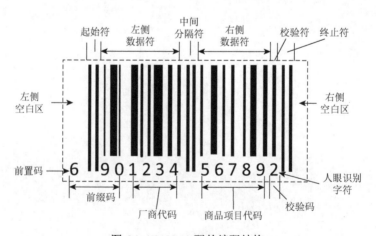

图 6.1 EAN-13 码的编码结构

分配给我国的前缀码为 690~695。前缀码是 690~691 时，第 4~7 位数字为厂商代码，第 8~12 位数字为商品项目代码，第 13 位数字为校验码；当前缀码为 692~695 时，第 4~8 位数字为厂商代码，第 9~12 位数字为商品项目代码，第 13 位数字为校验码。

EAN-13 码的编码结构由左侧空白区、起始符、左侧数据符、中间分隔符、右侧数据符、校验符、终止符、右侧空白区及人眼识别字符组成。条形码只是在水平方向上表达信息，而在垂直方向上则不表达任何信息，其有一定的高度是为了方便阅读器的对准。在应用中条形码具有信息录入速度快、差错率少等优点；但也存在数据容量小、尺寸相对较大、遭到损坏后不能阅读等缺点。

1. 条形码技术的优点

（1）可靠准确。用键盘输入字符，平均每 300 个字符有一个错误，而条形码输入平均每 15000 个字符有一个错误。如果加上校验位，出错率是千万分之一。

（2）数据输入速度快。键盘输入，一个每分钟打 90 个字的打字员 1.6s 可输入 12 个字符或字符串，而使用条码，做同样的工作只需 0.3s，速度提高了 5 倍多。

（3）经济便宜。与其他自动识别技术相比较，推广应用条码技术，所需费用较低。

（4）灵活实用。条形码符号作为一种识别手段可以单独使用，也可以和有关设备组成识别系统实现自动化识别，还可和其他控制设备联系起来实现整个系统的自动化管理。同时，在没有自动识别设备时，也可实现手工键盘输入。

（5）自由度大。识别设备与条形码标签相对位置的自由度要比 OCR 大得多。因为只在一维方向上表达信息的条码，同一条码上所表示的信息完全相同并且连续，这样即使是标签有部分缺欠，仍可以从正常部分读取正确的信息。

（6）识读设备简单。条形码符号识别设备的结构简单，操作容易，无须专门训练。

（7）易于制作。条码可印刷，被称作"可印刷的计算机语言"，条形码标签易于制作，对印刷技术设备和材料无特殊要求。

2. 条形码技术的基本原理

由于不同颜色的物体，其反射的可见光的波长不同，白色物体能反射各种波长的可见光，黑色物体则吸收各种波长的可见光，所以当条码扫描器光源发出的光经光阑及凸透镜 1 后，照射到黑白相间的条码上时，反射光经凸透镜 2 聚焦后，照射到光电转换器上，于是光电转换器接收到与白条和黑条相应的强弱不同的反射光信号，并转换成相应的电信号输出到放大整形电路。白条、黑条的宽度不同，相应的电信号持续时间长短也不同。但是，由光电转换器输出的与条码的条和空相应的电信号一般仅 10mV 左右，不能直接使用，因而先要将光电转换器输出的电信号送放大器放大。放大后的电信号仍然是一个模拟电信号，为了避免条码中的疵点和污点导致错误信号，在放大电路后需加一个整形电路，把模拟信号转换成数字电信号，以便计算机系统能准确判读。

整形电路的脉冲数字信号经译码器译成数字、字符信息，通过识别起始、终止字符来判别出条码符号的码制及扫描方向，通过测量脉冲数字电信号 0、1 的数目来判别出条和空的数目，通过测量 0、1 信号持续的时间来判别条和空的宽度，这样便得到了被辨识的条码符号的条和空的数目及相应的宽度和所用码制，根据码制所对应的编码规则，便可将条形符号换成相应的数字、字符信息，通过接口电路送给计算机系统进行数据处理与管理，便完成了一维条码辨读的全过程。

综上，条形码技术是对由扫描器发出的红外光或可见光进行识别，并通过光电扫描器实现对自动采集的光电信号的转换。现在的光电扫描器种类很多，但其工作原理基本一致，都是由光学系统读取条码数据，由扫描器发出的红外光或可见光照射条码标记，条码器中深色的条吸收来自扫描器的光，而浅色的空将光反射回扫描器，扫描器将接收到的反射光信号转换成数据，并通过光电转换器将光信号转换为电信号，再经过电信号的放大整形，然后通过译码器转换成计算机可识别的二进制信息代码。

3. 条形码技术的应用

条形码作为一种及时、准确、可靠、经济的数据输入手段已被物流信息系统所采用。在工业发达的国家已经普及应用，已成为商品独有的世界通用的"身份证"。

（1）交通运输业。国际运输协会已做出规定，物品的包装上必须贴上条码符号，以便所运物品进行自动化统计管理，并利用条码技术来实时采集数据。

（2）邮电通信业。邮件的分拣、登单是非常繁重的工作，占用了邮电职工的绝大部分工作量。在邮件上贴上或印制上条码符号，就能用条码阅读设备输入相应的信息，实施分拣、登单的自动化管理。

（3）物流行业。物流行业是条形码技术一个很重要的应用方向。在物资入库、分类、出库、盘点和运输等方面，可以全面实现条形码管理。通用商品流通销售方面在这方面除抓好出口商品条码自动化管理外，应着手研制适合中国情况的专用收款机和商场综合管理系统，并经商场试用，逐步进行推广。系统中的计算机是用来对数据进行综合处理的，为此应事先建立数据库和应用软件。这样有利于根据各终端的当日报告情况，进行商品销售综合分析，及时提供市场动态，并根据此确定订货计划，以保证经营活动的正常进行。由于使用了条形码技术，既方便迅速，又保证了信息准确。

6.1.2　二维码技术

二维码识别是集计算机图像处理、模式识别、光电技术和通信技术的综合性技术，是信息技术自动输入、识别的重要方法，且它是在一维条码的基础上扩展出另一维具有可读性的条码，使用黑白矩形图案表示二进制数据，被设备扫描后可获取其中所包含的信息。一维条码的宽度记载着数据，而其长度没有记载数据。二维码的长度、宽度均记载着数据。二维码有一维条码没有的"定位点"和"容错机制"。

二维码是用某种特定的几何图形按一定的规律在平面上（二维方向上）分布的记录数据信息的符号。不同于一维条码，其可以在纵向和横向两个方位同时表达信息，因此具有很大的信息密度。二维码可以分为行排和矩阵式二维码。行排式二维码形态上是由多行短截的一维条码堆叠而成的。行排式二维码（又称为堆积式二维码或层排式二维码），其编码原理是建立在一维条码基础之上，按需要堆积成两行或多行。它在编码设计、校验原理、识读方式等方面继承了一维条码的一些特点，识读设备和条码印刷与一维条码技术兼容。但由于行数的增加，需要对行进行判定，其译码算法与软件也与一维条码不完全相同。有代表性的行排式二维码有 Code49 码、Code 16K 码、PDF417 码等。其中的 Code49 码，是 1987 年由 Allair 研制的，Intermec 公司推出的第一个二维码。矩阵式二维条码以矩阵的形式组成，在矩阵相应元素位置上用"点"表示二进制"1"，用"空"表示二进制"0"，由"点"和"空"的排列组成代码。目前世界上主流的二维码，有 QR（quick-response）码（快速响应矩阵码）、Data Matrix 码、PDF417 码等。

1. 二维码的结构

在二维码类型中，图 6.2 中的 QR 码是被广泛地使用的一种二维码，解码速度快，并且它可以存储多种类型。

（1）位置探测图形、位置探测图形分隔符：用于对二维码的定位，对每个 QR 码来说，位置都是固定存在的，只是大小规格会有所差异；这些黑白间隔的矩形块很容易进行图像处理的检测。

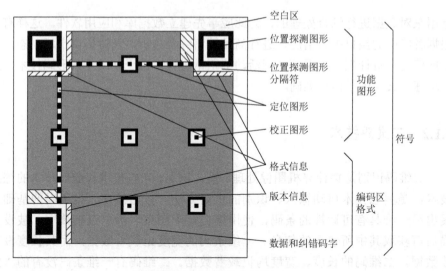

图 6.2　QR 码基本结构

（2）校正图形：根据尺寸的不同，矫正图形的个数也不同。矫正图形主要用于 QR 码形状的矫正，尤其是当 QR 码印刷在不平坦的面上或者拍照时发生畸变等。

（3）定位图形：这些小的黑白相间的格子就好像坐标轴，在二维码上定义了网格。

（4）格式信息：表示该二维码的纠错级别，分为 L、M、Q、H。

（5）数据区域：使用黑白的二进制网格编码内容。8 个格子可以编码一个字节。

（6）版本信息：二维码的规格，QR 码符号共有 40 种规格的矩阵（一般为黑白色），从 21×21（版本 1），到 177×177（版本 40），每一版本符号比前一版本每边增加 4 个模块。

（7）纠错码字：用于修正二维码损坏带来的错误。

2. 二维码的生成

信息按照一定的编码规则后变成二进制，通过黑白色形成矩形。

（1）数据分析：确定编码的字符类型，按相应的字符集转换成符号字符；选择纠错等级，在规格一定的条件下，纠错等级越高其真实数据的容量越小。

（2）数据编码：将数据字符转换为位流，每 8 位一个码字，整体构成一个数据的码字序列。其实知道这个数据码字序列就知道了二维码的数据内容。

（3）纠错编码：按需要将上面的码字序列分块，并根据纠错等级和分块的码字，产生纠错码字，并把纠错码字加入到数据码字序列后面，成为一个新的序列。

（4）构造最终数据信息：在规格确定的条件下，将上面产生的序列按次序放入分块中。按规定把数据分块，然后对每一块进行计算，得出相应的纠错码字区块，把纠错码字区块按顺序构成一个序列，添加到原先的数据码字序列后面。

（5）构造矩阵：将探测图形、分隔符、定位图形、校正图形和码字模块放入矩阵中。

（6）掩模：将掩模图形用于符号的编码区域，使得二维码图形中的深色和浅色（黑色和白色）区域分布比率最优。

（7）格式和版本信息：生成格式和版本信息放入相应区域内。

3. 二维码的识别

（1）定位图形：首先寻找探测图形，确保相机可以扫描到二维码，然后通过二维码上的定位图形和分隔符确定二维码信息的图像，其中定位图形确定二维码中模块坐标，分隔符可将探测图形与二维码信息图像分开。

（2）二维码图灰度化：由于相机在拍照过程中，图片都是彩色图片，因此，需要将拍照后的二维码进行灰度化处理，即将 RGB 三通道彩色图像转成 0～255 的灰度图。

（3）二维码去噪处理：采集的二维码图片往往存在噪声，即存在粗糙像素对二维码信息产生干扰，因此，经过灰度化的二维码图片需要去噪处理，减少识别过程中的干扰。

（4）二值化二维码信息像素：二维码最终由二进制数 0，1 组成，因此，经过去噪的灰度化二维码需进一步进行二值化处理，经过二值化处理的二维码像素值只可能为 0 或 255，也就是说只有黑、白两种颜色，然后，将像素值为 255 的转变成 1，即可得到二维码的二进制信息。

（5）二维码译码和纠错：将得到的二进制信息进行译码和纠错。得到的二进制信息是版本格式信息、数据和纠错码经过一定的编码方式生成的，所以译码是对版本格式信息、数据和纠错码进行解码和对比，纠错是和译码同时进行的，将数据进行纠错。

4. 二维码技术的应用

二维码具有储存量大、保密性高、追踪性高、抗损性强、备援性大、成本便宜等特性，这些特性特别适用于表单应用、追踪应用、盘点应用、资料备援应用等方面。

（1）表单应用。公文表单、商业表单、工程资料之传送交换，可减少人工重复输入表单资料，避免人为错误，降低人力成本。

（2）追踪应用。生产线零件自动追踪、客户服务自动追踪、维修记录自动追踪、后勤补给自动追踪等应用。

（3）盘点应用。物流中心、仓储中心货品及固定资产之自动盘点，发挥立即盘点立即决策的效果。

（4）资料备援应用。文件表单的资料若不愿或不能以磁碟、光碟等电子媒体储存备援时，可利用二维条码来储存备援，携带方便，不怕折叠，保存时间长，又可影印传真，做更多备份。

6.1.3　RFID 技术

RFID 是 radio frequency identification 的缩写，即无线射频识别。RFID 是指利用电磁波的反射能量进行通信的一种技术。RFID 技术一产生就用于识别物体，因此被认为是一种自动识别技术，这种看法显然是模糊和有局限性的。RFID 可以归入短距离无线通信技术，与其他短距离无线通信技术 WLAN、蓝牙、红外、Zigbee 相比，超宽带（ultra wideband，UWB）最大的区别在于 RFID 的被动工作模式，即利用反射能量进行通信。射频识别技术采用大规模集成电路计算、电子识别、计算机通信技术，通过读写器和安装于载体上的 RFID 标签，能够实现对载体的非接触的识别和数据信息交换。再加上其方便快捷、识别速度快、数据容量大、使用寿命长、标签数据可动态更改、较条码而言具有更好的安全性、动态实时通信等优点，最近几年得到迅猛的发展。

1. RFID 技术的基本原理

射频识别系统包含射频标签（tag）、读写器（reader）和数据管理系统三部分组成，其组成结构如图 6.3 所示。其中射频标签由天线和芯片组成，每个芯片都含有唯一的识别码，一般保持有约定的电子数据，在实际的应用中，射频标签粘贴在待识别物体的表面；读写器是根据需要并使用相应协议进行读取和写入标签信息的设备，它通过网络系统进行通信，从而完成对射频标签信息的获取、解码、识别和数据管理，有手持的或者固定的两种；数据管理系统主要完成对数据信息的存储和管理，并可以对标签进行读写的控制。射频标签与读写器之间通过耦合元件实现射频信号的空间（非接触）耦合。在耦合通道内，根据时序关系，实现能量的传递和数据的交换。

2. RFID 技术的应用

射频识别技术被广泛地应用于生产的自动化及过程控制，货物跟踪管理及监控，仓储、配送等物流环节等众多工业领域。

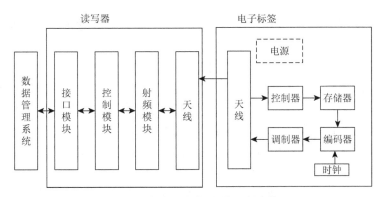

图 6.3　射频识别技术的组成结构

（1）生产的自动化及过程控制。

RFID 技术因其具有抗恶劣环境能力强和非接触识别等特点，在生产过程控制中有很多应用，通过在大型工厂的自动化流水作业线上使用 RFID 技术，实现物料跟踪和生产过程的自动控制和监视，提高了生产效率，改进了生产方式，降低了成本。

（2）货物跟踪管理及监控。

射频识别技术为货物的跟踪管理及监控提供了方便、快捷、准确的自动化技术手段，以射频识别技术为核心的集装箱自动识别，成为全球范围内最大的货物跟踪管理应用。将记录有集装箱位置、物品类别、数量等数据的电子标注安装在集装箱上，借助射频识别技术，就可以确定集装箱在货场内的确切位置。系统还可以识别未被允许的集装箱移动，有利于管理和安全。

（3）仓储、配送等物流环节。

将射频识别系统用于智能仓库货物管理，可以有效地解决仓库里与货物流动相关的信息的管理问题，监控货物信息，实时了解库存情况，自动识别货物，确定货物的位置。

6.2　传感器技术

传感器是智能化装备的主要感知手段，在航空制造装备的研制过程，主要涉及对力和运动的精确控制，涉及的传感器主要有力觉传感器、触觉传感器、压觉传感器、接近度传感器以及速度和加速度传感器等。

6.2.1　力觉传感器

力觉是指机器人的指、肢和关节等运动中所受力的感知，主要包括腕力觉、关节力觉和支座力觉等。根据被测对象的负载，可以把力觉传感器分为测力传感器（单轴力觉传感器）、力矩表（单轴力矩传感器）、手指传感器（检测机器人手指作用力的超小型单轴力觉传感器）和六轴力觉传感器等。

力觉传感器用于测量两物体之间作用力的三个分量和力矩的三个分量。具体有金属电阻型力觉传感器、半导体型力觉传感器、其他磁性压力式和利用弦振动原理制作的力觉传感器。根据力的检测方式不同，力觉传感器可分为检测应变或应力的应变片式、利用压电效应的压电元件式、用位移计测量负载产生的位移的差动变压器、电容位移计、电感式传感器等。

近年来工业机器人普遍采用以交流永磁电动机为主的交流伺服系统，对应位置、速度等传感器大量应用的是各种类型的光电编码器、磁编码器和旋转变压器。装在机器人关节驱动器上的力觉传感器，称为关节力传感器，用于控制中的力反馈；装在末端执行器和机器人最后一个关节之间的力觉传感器，称为腕力传感器。

1. 压电传感器

常用的压电晶体有石英晶体，它受到压力后会产生一定的电信号。石英晶体输出的电信号强弱是由它受到的压力值决定的，通过检测这些电信号的强弱，能够检测出被测物体所受到的力。压电式力觉传感器不但可以测量物体受到的压力，也可以测量拉力。在测量拉力时，需要给压电晶体一定的预紧力。由于压电晶体不能承受过大的应变，所以它的测量范围较小。

在机器人应用中，一般不会出现过大的力，因此，采用压电式力觉传感器比较合适。压电式传感器安装时，与传感器表面接触的零件应具有良好的平行度和较低的表面粗糙度，其硬度也应低于传感器接触表面的硬度，保证预紧力垂直于传感器表面，使石英晶体上产生均匀的分布压力。图 6.4 为一种三分力压电传感

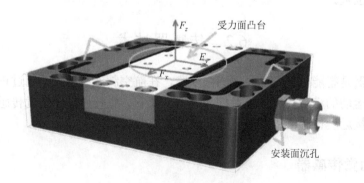

图 6.4　三分力压电传感器

器。它由三对石英晶片组成，能够同时测量三个方向的作用力。其中上、下两对晶片利用晶体的剪切效应，分别测量 X 方向和 Y 方向的作用力；中间一对晶片利用晶体的纵向压电效应，测量 Z 方向的作用力。

2. 筒式腕力传感器

一般筒式 6 自由度腕力传感器，主体材料为铝圆筒状，外侧有 8 根梁支撑，其中 4 根为水平梁，4 根为垂直梁。水平梁的应变片贴于上下两侧，设各应变片所受到的应变量分别为 Q_x^+、Q_y^+、Q_x^-、Q_y^-。而垂直梁的应变片贴于左右两侧，设各应变片所受到的应变量分别为 P_x^+、P_y^+、P_x^-、P_y^-。那么，施加于传感器上的 6 维力，即 x、y、z 方向的力 F_x、F_y、F_z 以及 x、y、z 方向的转矩 M_x、M_y、M_z 可以用下列关系式计算，即

$$\begin{cases} F_x = K_1(P_y^+ + P_y^-) \\ F_y = K_2(P_x^+ + P_x^-) \\ F_z = K_3(Q_x^+ + Q_x^- + Q_y^+ + Q_y^-) \\ M_x = K_4(Q_y^+ - Q_y^-) \\ M_y = K_5(-Q_x^+ - Q_x^-) \\ M_z = K_6(P_x^+ - P_x^- - P_y^+ + P_y^-) \end{cases} \tag{6.1}$$

式中，K_1、K_2、K_3、K_4、K_5、K_6 为比例系数，与各梁所贴应变片的应变灵敏度有关，应变量由贴在每根梁两侧的应变片构成的半桥电路测量。

3. 十字腕力传感器

图 6.5 为挠性十字梁式腕力传感器，用铝材切成十字框架，各悬梁外端插入圆形手腕框架的内侧孔中，悬梁端部与腕框架的接合部装有尼龙球，目的是使悬梁易于伸缩。此外，为了增加其灵敏度，在与梁相接处的腕力框上还切出窄缝。十字形悬梁实际上是一个整体，其中央固定在手腕轴向。

应变片贴在十字梁上，每根梁的上下左右侧面各贴一片应变片。相对面上的两片应变片构成一组半桥，通过测量一个半桥的输出，即可检测一个参数。整个手腕通过应变片可检测出 8 个参数：f_{x1}、f_{x3}、f_{y1}、f_{y2}、f_{y3}、f_{y4}、f_{z2}、f_{z4}，利用这些参数可计算出手腕顶端 x、y、z 三个方向上的力 F_x、F_y、F_z 和力矩 M_x、M_y、M_z。

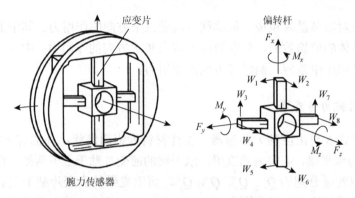

图 6.5 挠性十字梁式腕力传感器

$$\begin{cases} F_x = -f_{x1} - f_{x3} \\ F_y = -f_{y1} - f_{y2} - f_{y3} - f_{y4} \\ F_z = -f_{z2} - f_{z4} \\ M_x = a(f_{z2} + f_{z4}) + b(f_{y1} - f_{y4}) \\ M_y = -b(f_{x1} - f_{x3} - f_{z2} + f_{z4}) \\ M_z = -a(f_{x1} + f_{x3} + f_{y2} - f_{y4}) \end{cases} \quad (6.2)$$

4. 光纤压力传感器

图 6.6 为光纤压力传感器,光纤压力传感器阵列单元基于全内反射破坏原理,是实现光强度调制的高灵敏度光纤传感器。发送光纤与接收光纤由一个直角棱镜连接,棱镜斜面与位移膜片之间气隙约为 0.3μm。在膜片的下表面镀有光吸收层,

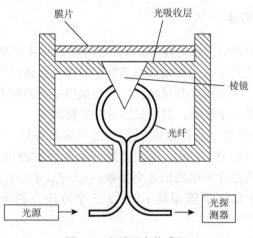

图 6.6 光纤压力传感器

膜片受压力向下移动时，棱镜斜面与光吸收层间的气隙发生改变，从而引起棱镜界面内全内反射的局部破坏，使部分光离开上界面进入吸收层并被吸收，因而接受光纤中的光强相应发生变化。光吸收层可选择玻璃材料或可塑性好的有机硅橡胶，采用镀膜方法制作。

当膜片受压时，便产生弯曲变形，对于周边固定的膜片，在小挠度时（$W \leqslant 0.5t$），膜片中心挠度按照式（6.3）计算，即

$$W = \frac{3(1-\mu^2)a^4t}{16Et^3} \tag{6.3}$$

式中，W 为膜片中心挠度；E 为弹性模量；t 为膜片厚度；μ 为泊松比；a 为膜片有效半径。

式（6.3）表明，在小载荷条件下，膜片中心位移与所受压力成正比。

6.2.2　触觉传感器

触觉是接触、冲击、压迫等机械刺激感觉的综合，触觉可以用来进行控制机器的抓取，利用触觉可以进一步地感知物体的形状、软硬等物理性质。对机器触觉的研究，集中于扩展机器能力所必需的触觉功能，一般把检测感知和外部直接接触而产生的接触觉、压觉、触觉及接近觉的传感器称为触觉传感器。

触觉是机器获取环境信息的一种仅次于视觉的重要知觉形式，是机器实现与环境直接作用的必须媒介。与视觉不同，触觉本身有很强的敏感能力，可直接测量对象和环境的多种形状特征，因此触觉不仅仅只是视觉的一种补充，触觉的主要作用是为了获取对象与环境信息，并对相互作用时的一系列物理量进行检测或感知。机器触觉和视觉一样，基本上通过对人的感觉的模拟，实现机械与对象接触面上力感觉的复现。

随着微电子技术的发展和各种有机材料的出现，许多研究者已经提出了多种多样的触觉传感器的研制方案，但目前大都属于实验室阶段，达到产品化的不多。触觉传感器按功能大致可分为接触觉传感器、力-力矩觉传感器、压觉传感器和滑觉传感器等。

1. 柔性薄层触觉传感器

柔性传感器有获取物体表面形状二维信息的潜在能力，是采用柔性聚氨基甲酸酯泡沫材料的传感器。柔性薄层触觉传感器如图 6.7 所示，泡沫材料用硅橡胶薄层覆盖。这种传感器结构跟物体周围的轮廓相吻合，移去物体时，传感器恢复到最初形状。导电橡胶应变计连到薄层内表面，拉紧或压缩应变计时薄层的形变被记录下来。

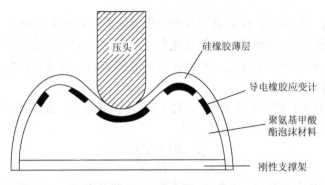

图 6.7　柔性薄层触觉传感器

2. 压电感应橡胶传感器

压电感应橡胶是一种具有类似于人类皮肤柔软性的压敏材料，利用压力感应橡胶，可以实现触压分布区中心位置的测定。感应压力橡胶传感器如图 6.8 所示，传感器为三层结构，外边两次分别传到塑料层 A 和 B，中间夹层为压感橡胶层 S，相对的两个边缘装有电极。该结构可以看作一个两维放大的电压表，传感器的构成材料是柔软富有弹性的，在大块表面面积上容易形成各种形状。设 R_p 为 S 层的电阻，反映了分布压力 p 在单位面积上沿厚度方向上的变化。在 A 层和 B 层上，由表面电阻 R 分别产生分布电压 $V_A(x,y)$ 和 $V_B(x,y)$。由于随压力而变的电阻 R_p 的存在，从 A 层到 B 层产生了分布电流 $i(x,y)$，根据该传感器的基本原理，可以用泊松方程来描绘分布电流，即

$$\Delta^2 V_A = Ri, \quad \Delta^2 V_B = -Ri \tag{6.4}$$

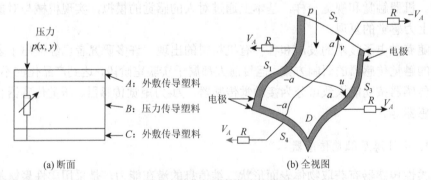

(a) 断面 　　　　　　　　　　　　　　(b) 全视图

图 6.8　感应压力橡胶传感器

在传感器与 D 内应建立起直角坐标 (u,v)，其中四条边分别是 S_1、S_2、S_3 和 S_4，边长为 $2a$，原点位于中心，则以坐标 u 表征的从 A 层到 B 层一阶瞬时电流密度 $i(x,y)$ 为

$$I_u = \iint_D u(x,y)i(x,y)\mathrm{d}x\mathrm{d}y \qquad (6.5)$$

用式子（6.4）减去式（6.5），根据格林定理有

$$I_u = \iint_{\partial D}\left(u\frac{\partial V_A}{\partial n} - V_A\frac{\partial u}{\partial n}\right)\mathrm{d}m \qquad (6.6)$$

式中，n 为边界的法线方向；m 为切线方向。

式（6.6）右端是沿边界的线积分，经边界条件替换，该方程可以用电极电压 $[V_A]S_1$ 和 $[V_A]S_3$ 表述

$$I_u = k([V_A]S_1 - [V_A]S_3) \qquad (6.7)$$

式中，k 是常数。

从 A 层流到 B 层的总电流 i 可以通过流经电阻 R 计算，与式（6.7）结合，可以获得以坐标 u 描述的电流密度的中心位置，然后利用一个简单电路，可从电极电压 $[V_A]S_1$ 和 $[V_A]S_3$ 推导出来。对于 B 层，应用同样的处理方式，电路密度 i 可以由压感橡胶的特征函数 $f(p)$ 表述，从而检测到终点以及 $f(p)$ 的总和。

3. 电流变流体触觉传感器

图 6.9 为电流变流体触觉传感器，此传感器共分为三层，上层是带有条型导电橡胶电极的硅橡胶层，它决定触觉传感器的空间分辨率。导电橡胶与硅橡胶基体集成整体橡胶薄膜，具有很好的弹性，柔性硅橡胶层有多条导电橡胶电极。中间层是 ERF 聚氨酯泡沫层，是一种充满电流变流体的泡沫结构，充当上下电极形成的电容器的介电材料，同时防止极板短路。传感器的第三层是带有下栅极的印刷电路板，有电极和 DIP 插座，可与测试采集电路相连。上层导电橡胶行电极与下层印刷电路板的列电极在空间上垂直放置，形成电容触觉单元阵列。触觉传感器电容阵列如图 6.10 所示。

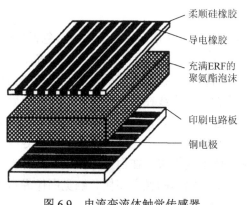

图 6.9　电流变流体触觉传感器

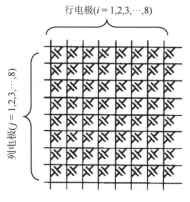

图 6.10　触觉传感器电容阵列

4. 成像触觉传感器

成像触觉传感器由若干感知单元组成阵列行结构，主要用于感知目标物体的形状。图 6.11 为美国 LORD 公司研制的 LTS-100 触觉传感器外形。传感器由 64 个感知单元组成 8×8 的阵列，形成接触界面。传感器单元的转换原理如图 6.12 所示。当弹性材料制作的触头受到法向压力作用时，触杆下伸，挡住发光二极管射向光敏二极管的部分光，于是光敏二极管输出随压力大小变化的电信号。阵列中感知单元的输出电流由多路模拟开关选通检测，经过 A/D 转换变为不同的触觉数字信号，从而感知目标物体的形状。

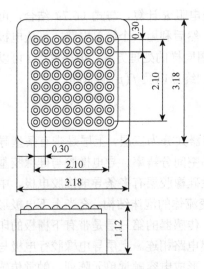

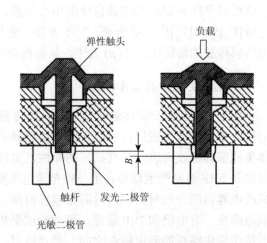

图 6.11　LTS-100 触觉传感器外形　　　图 6.12　传感器单元的转换原理（李贤，2012）

5. TIR 触觉传感器

基于光学全内反射原理的触觉传感器如图 6.13 所示。传感器由白色弹性膜、光学玻璃波导板、微型开关、透镜组、CCD 成像装置和控制电路组成。光源发出的光从波导板的侧面垂直入射进波导板，当物体未接触敏感面时，波导板与白色弹性膜之间存在空气间隙，进入波导板的大部分光线在波导板内发生全内反射。当物体接触敏感面时，白色弹性膜被压在波导板上。在贴近部位，波导板内的光线从光疏媒质——光学玻璃波导板射向光密媒质——白色弹性膜，同时波导板表面发生不同程度的变形，有光线从紧贴部位泄漏出来，在白色弹性膜上产生漫反射。漫发射经过波导板与三棱镜射出来，形成物体的触觉图像。触觉图像经自聚焦透镜、传像光缆和显微物镜进入 CCD 成像装置。

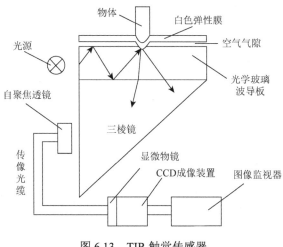

图 6.13　TIR 触觉传感器

6. 超大规模集成计算传感器阵列

超大规模集成计算传感器阵列（very large scale integration，VLSI）是一种新型的触觉传感器。在这种触觉传感器的同一个基体上集成若干个传感器及其计算逻辑控制单元。触觉信息由导电塑料压力传感器检测输入，每一个传感器都有单独的逻辑控制单元，接触信息的处理和通信等功能都由基体上的计算逻辑控制单元完成。每个传感器单元上都配有微处理芯片，其计算逻辑控制单元功能框图如图 6.14 所示。它包括 1 位模拟比较器、锁存器、加法器、6 位位移寄存器累加器、指令寄存器和双向时钟发生器。由外部控制计算机通过总线向每个传感器单元发出命令，用于控制所有的传感器及其计算单元，包括控制相邻寄存器的计算单元之间的通信。

每个 VLSI 计算单元可以并行对感觉数据进行各种分析，如与卷积计算以及视觉图像处理相类似的各种计算处理。因此，VLSI 触觉传感器具有较高的感觉输出速度。要获得较满意的触觉能力，触觉传感器阵列在每个方向上至少应该装有 25 个触觉元件，每个元件的尺寸不超过 $1mm^2$，接近人手指的感觉能力，可以完成那些需要定位、识别以及小型物件搬运等复杂任务。

7. 仿生皮肤

仿生皮肤是集触觉、压觉、滑觉和热觉传感器于一体的多功能复合传感器，具有类似于人体皮肤的多种感觉功能。仿生皮肤采用具有压电效应和热释电效应的 PVDF 敏感材料，具有温度范围宽、体电阻高、质量小、柔顺性好、机械强度高和频率响应宽等特点，容易热成像加工成薄膜、细管或微粒。

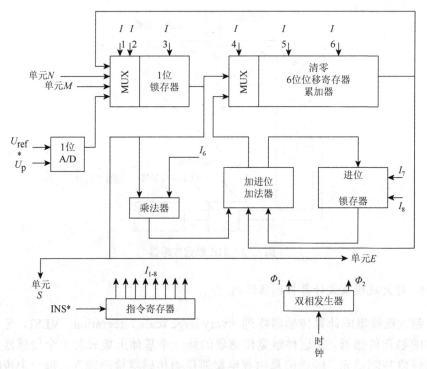

图 6.14 计算逻辑控制单元功能框图

集触觉、滑觉和温觉的 PVDF 仿生皮肤传感器结构剖面如图 6.15 所示，传感器表层为保护层（橡胶包封表皮），上层为两面镀银的整块 PVDF，分别从两面引出电机。下层由特种镀膜形成条状电极，引线由导电胶黏接后引出。在上下两层 PVDF 之间，由电加热层和柔性隔热层（软塑料泡沫）形成两个不同的物理测量空间。上层 PVDF 获取温觉和触觉信号，下层 PVDF 获取压觉和滑觉信号。

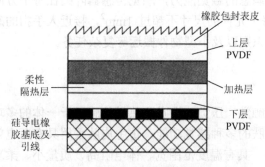

图 6.15 PVDF 仿生皮肤传感器结构剖面

为了使 PVDF 具有温觉功能，电压热层维持上层 PVDF 温度为 55℃左右，当待测物体接触传感器时，其与上层 PVDF 存在温差，导致热传递的产生，使 PVDF 极化面产生相应数量的电荷，从而输出电压信号。

采用图 6.16 中的阵列 PVDF 形成多功能复合仿生皮肤，模拟人类用触摸识别物体形状的机能。其层状结构主要由表层、行 PVDF 层、列 PVDF 条、绝缘层、PVDF 层和硅导电橡胶基底构成。行、列 PVDF 条两面镀银，用微细切割方法制成细条，分别粘贴在表层和绝缘层上，由 33 根导线引出。行列 PVDF 导线各 16 条，以及一根公共导线，形成 256 个触电单元。PVDF 层也采用两面镀银，引出两根导线。当 PVDF 层受到高频电压激发时，表面受到一定压力，相应受力触点单元的振幅会降低。根据这一机理，通过行列采样及数据处理，可以检测物体的形状、重心和压力大小，以及物体相对于传感器表面的滑移位移。

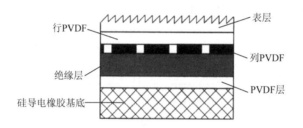

图 6.16　阵列式仿生皮肤传感器结构剖面

6.2.3　压觉传感器

压觉传感器实际是触觉传感器的延伸，用来检测机器承受的压力大小及分布。目前压觉传感器的研究重点在阵列行压觉传感器的制备和输出信号处理上。压觉传感器的类型很多，如压阻型、光电型、压敏型、压磁型、光纤型等。压觉传感器实际上也是一种触觉传感器，只是它专门对压觉有感知作用。目前压觉传感器主要有如下几种。

1. 压阻效应式压觉传感器

利用某些材料的内阻随压力变化而变化的压阻效应，制成的压阻器件，将它们密集配置成阵列，即可检测压力的分布，如压敏导电橡胶或塑料等。图 6.17 为压阻效应式压觉传感器的结构原理图。

2. 光电型压觉传感器

图 6.18 为光电型压觉传感器的结构示意图。当弹性触头受压时，触杆下伸，

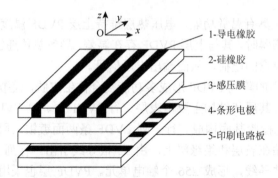

图 6.17　压阻效应式压觉传感器的结构原理图

发光二极管射向光敏二极管的部分光线被遮挡，于是光敏二极管输出随压力大小而变化的电信号。通过多路模拟开关以此选通阵列中的感知单元，并经 A/D 转换为数字信号，即可感知物体的形状。

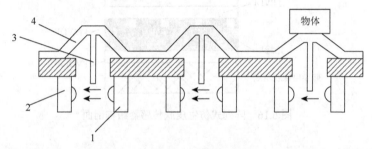

图 6.18　光电型压觉传感器的结构示意图

1-发光二极管；2-光敏二极管；3-触杆；4-弹性触头

3. 压电效应式压觉传感器

利用某些材料在压力的作用下，其相应表面上会产生电荷的压电效应制成压电器件，如压电晶体等，将它们制成类似人类皮肤的压电薄膜，感知外界的压力。其优点是耐腐蚀、频带宽和灵敏度高等，但缺点是无直流响应，不能直接检测静态信号。

4. 集成压敏压觉传感器

利用半导体力敏器件与信号电路构成集成压敏压觉传感器。常用的有三种：压电型（如 ZnO/Si-IC）、电阻型 SIR（硅集成）和电容型 SIC。其优点是体积小、成本低、便于与计算机连用，缺点是耐压负载小，不柔软。

除了上述压觉传感器，还有利用压磁传感器、扫描电路和针式差动变压器式触觉传感器构成的压觉传感器。压磁器件具有较强的过载能力，但体积较大。

6.2.4　接近度传感器

接近度传感器用于探测机器与周围物体之间相对位置和距离的传感器。它对机器工作过程中适时地进行轨迹规划与防止事故发生具有重要意义。它主要有以下 3 个作用。

（1）在接触对象物前得到必要的信息，为后面动作做准备。

（2）发现障碍物时，改变路径或停止，以免发生碰撞。

（3）得到对象物体表面形状的信息。

根据感知范围（或信息），接近度传感器大致可分为 3 类：感知近距离物体（毫米级）的有磁力式（感应式）、气压式、电容式等；感知中距离（30cm 以内）物体的有红外光电式；感知远距离（30cm 以外）物体的有超声波和激光式。视觉传感器也可作为接近度传感器。

1. 磁力式接近传感器

图 6.19 为磁力式接近传感器。它由励磁线圈 C_0 和检测线圈 C_1、C_2 组成，C_1、C_2 的圈数相同，接成差动式。当未接近物体时由于构造上的对称性，输出为 0，当接近物体（金属）时，由于金属产生涡流而使磁通发生变化，从而使检测线圈输出产生变化。这种传感器不大受光、热、物体表面特征影响，可小型化与轻量化，但只能探测金属对象。

日本日立公司将其用于弧焊机器人上，用于跟踪焊缝。在 200℃ 以下探测距离为 0～8mm，误差只有 4%。

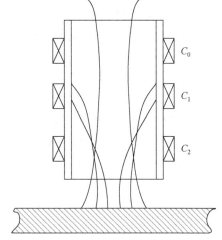

图 6.19　磁力式接近传感器

2. 气压式接近传感器

图 6.20 为气压式接近传感器的基本原理与特征图。它是根据喷嘴-挡板原理设计的，气压源 P_v 经过节流孔进入背压腔，又经过喷嘴射出，气流碰到被测物体后形成背压输出 P_A。合理地选择 P_v 值（恒压源）、喷嘴尺寸及节流孔大小，便可得到输出 P_A 与距离 x 之间的对应关系，一般不是线性的，但可以做到局部近似线性输出。这种传感器具有较强防火、防磁、防辐射能力，但要求气源保持一定程度的净化。

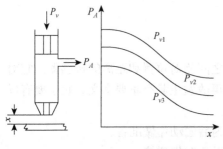

图 6.20　气压式接近传感器

3. 红外式接近传感器

红外传感器是一种比较有效的接近传感器，传感器发出的光的波长大约为几百纳米，是短波长的电磁波。它是一种辐射换能装置，主要用于将接收到的红外辐射能转换为便于测量或观察的电能、热能等其他形式的能量。根据能量转换方式，红外探测器可分为热探测器和光子探测器两大类。红外传感器具有不受电磁波干扰、非噪声源、可实现非接触性测量等特点。另外，红外线（指中、远红外线）不受周围可见光的影响，故在昼夜都可以进行测量。

与声呐传感器相似，红外传感器工作处于发射/接收状态。这种传感器是由同一发射源发射红外线，并用两个光检测器测量反射回来的光量。由于这些仪器测量光的差异，它们受环境的影响非常大，物体的颜色、方向、周围的光线都能导致测量误差。但由于发射光线是光而不是声音，可以在相当短的时间内获得较多的红外线传感器测量值，测距范围较近。

红外传感器采用三角测距原理，其原理如图 6.21 所示，红外发射器按照一定的角度发射红外线束，当遇到物体以后，光束会反射回来。反射回来的红外光线被 CCD 检测器检测到以后，会获得一个偏移值 L，利用三角关系，在已知发射角度 α，偏移距离 L，中心距 X，以及滤镜的焦距 f 的情况下，传感器到物体的距离 D 就可以计算获得。

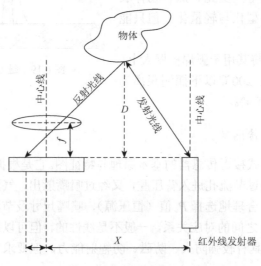

图 6.21　红外传感器测距原理图

　　由图 6.22 可知，当 D 的距离足够近时，L 值会非常大，超过 CCD 的探测范围，这时，虽然物体很近，但是传感器反而看不到了。当物体距离 D 很大时，L 值就会很小。这时 CCD 检测器能否分辨得出这个很小的 L 值成为关键，也就是说 CCD 的分辨率决定能不能获得足够精度的 L 值。要检测越远的物体，CCD 的分辨率要求就越高。

　　该传感器的输出是非线性的。从图 6.22 中可以看到，当被探测物体的距离小于 10cm 时，输出电压急剧下降，也就是说从电压读数来看，物体的距离应该是越来越远了。但是实际并不是这样的，如果机器本来正在慢慢地靠近障碍物，突然探测不到障碍物，一般来说，控制程序会让机器以全速移动，结果就是机器撞到障碍物。解决这个问题的方法是需要改变一下传感器的安装位置，使它到机器的外围的距离大于最小探测距离（图 6.23）。受器件特性的影响，红外传感器抗干扰性差，即容易受各种热源和环境光线影响。探测物体的颜色、表面光滑程度不同，反射回的红外线强弱就会有所不同。并且由于传感器功率因素的影响，其探测距离一般为 10～500cm。

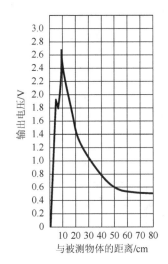

图 6.22　红外传感器非线性输出图

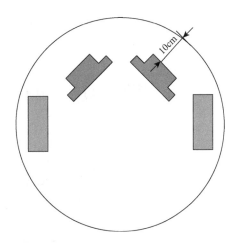

图 6.23　红外传感器的安装位置

4. 超声波接近传感器

　　超声波接近传感器用于机器人对周围物体的存在与距离的探测。尤其对移动式机器人，安装这种传感器可随时探测前进道路上是否出现障碍物，以免发生碰撞。

超声波是人耳听不见的一种机械波，其频率在 20kHz 以上，波长较短，绕射少，能够作为射线而定向传播。超声波传感器由超声波发生器和接收器组成，有压电式、电磁式及磁滞伸缩式等。在检测技术中最常用的是压电式。压电式超声波传感器，就是利用了压电材料的压电效应，如石英、电气石等。逆压电效应将高频电振动转换为高频机械振动，以产生超声波，可作为"发射"探头。利用正压电效应则将接收的超声振动转换为电信号，可作为"接收"探头。

由于用途不同，压电式超声传感器有多种结构形式。超声双探头就是其中一种，包含一个发射探头和一个接收探头，其结构如图 6.24 所示。带有晶片座的压电晶片装入金属壳体内，压电晶片两面镀有银层，作为电极板，底面接地，上面接有引出线。阻尼块（或称吸收块）的作用是降低压电片的机械品质因素，吸收声能量，防止电脉冲振荡停止时，压电片因惯性作用而继续振动。阻尼块的声阻抗等于压电片声阻抗时，效果最好。

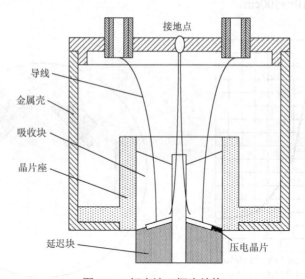

图 6.24　超声波双探头结构

超声波距离传感器的检测方式有脉冲回波式以及 FM-CW 式（频率调制、连续波）两种。

图 6.25 为脉冲回波式的检测原理图，在脉冲回波式中，先将超声波用脉冲调制后发射，根据经被测物体反射回来的回波延迟时间 Δt，可以计算出被测物体的距离 L。设空气中的声速为 v，如果空气温度为 $T\,°C$，则声速为 $v = 331.5 + 0.607T$，被测物体与传感器间的距离为 $L = v\Delta t / 2$。

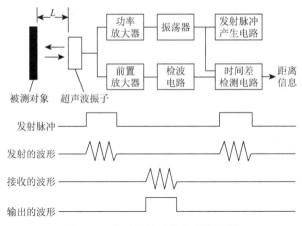

图 6.25　脉冲回波式的检测原理图

图 6.26 为 FM-CW 式测量原理图，FM-CW 式采用连续波对超声波信号进行调制。将由被测物体反射延迟Δt 时间后得到接收波信号与发射波信号相乘，仅取出其中的低频信号，就可以得到与距离 L 成正比的差频 f_τ 信号。假设调制信号的频率为 f_m，调制频率的带宽为Δf，被测物体与传感器间的距离为 $L = \dfrac{f_\tau v}{4 f_m \Delta f}$。

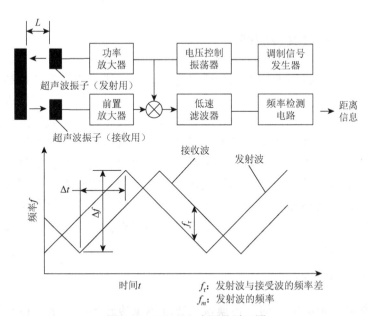

图 6.26　FM-CW 式测量原理图

基于成本考虑与实施效果，超声传感器已经成为移动机器人的标准配置。在比较理想的情况下，超声波传感器的测量精度根据以上的测距原理可以得到比较满意的结果，但是，在真实的环境中，超声波传感器数据的精确度和可靠性会随着距离的增加与环境模型的复杂性上升而下降，总的来说超声波传感器的可靠性很低，测距的结果存在很大的不确定性，主要表现在以下 4 点。

（1）超声波传感器测量距离的误差。除了传感器本身测量精度的问题，还受外界条件变化的影响。如声波在空气中的传播速度受温度影响很大，同时和空气的湿度也有一定的关系。

（2）超声波传感器散射角。超声波传感器发射的声波有一个散射角，超声波传感器可以感知障碍物在散射角所在的扇形区域范围内，但是不能确定障碍物的准确位置。

（3）串扰。机器人通常都装备多个超声波传感器，此时可能会发生串扰问题，即一个传感器发出的探测波束被另外一个传感器当作自己的探测波束接收到。这种情况通常发生在比较拥挤的环境中，对此只能通过几个不同位置多次反复测量验证，同时合理安排各个超声波传感器工作的顺序。

（4）声波在物体表面的反射。声波信号在环境中不理想的反射是实际环境中超声波传感器遇到的最大问题。当光、声波、电磁波等碰到反射物体时，任何测量到的反射都是只保留原始信号的一部分，剩下的部分能量或被介质物体吸收或被散射或穿透物体。有时超声波传感器甚至接收不到反射信号。

6.2.5　速度和加速度传感器

速度传感器是机器人的内部传感器之一。速度传感器是闭环控制系统中不可缺少的重用组成部分，它用来测量机器人关节的运动速度。可以进行速度测量的传感器很多，例如，进行位置测量的传感器大多可同时获得速度信息。但是应用最广泛的，能直接得到代表转速的电压且具有良好的实时性的速度测量传感器是测速发电机。在机器人控制系统中，以速度为首要目标进行伺服控制并不常见，更常见的是机器人的位置控制。当然如果需要考虑机器人运动过程的品质时，速度传感器甚至加速度传感器都是需要的。这里仅介绍机器人控制在普遍采用的几种速度传感器，这些速度传感器根据输出信号的形式可分为模拟式和数字式两种。

1. 模拟式速度传感器

测度发电机是最常用的一种模拟式速度测量传感器，它是一种小型永磁式直流发电机。其工作原理是基于当励磁磁通恒定时，其输出电压和转子转速成正比，即

$$U = kn \tag{6.8}$$

式中，U 为测速发电机输出电压，V；n 为测速发电机转速，r/min；k 为比例系数。

当有负载时，电枢绕组流过电流，由于电枢反应而使输出电压降低。若负载较大，或者测量过程中负载变化，则破坏了线性特性而产生误差。为减少误差，必须使负载尽可能得小而且性质不变。测速发电机总是与驱动电动机同轴连接，这样就测出了驱动电动机的瞬时速度。它在机器人控制系统中的应用如图 6.27 所示。

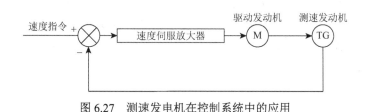

图 6.27　测速发电机在控制系统中的应用

2. 数字式速度传感器

在机器人控制系统中，增量式编码器一般用作位置传感器，但也可以用作速度传感器。当把一个增量式编码器用作速度检测元件时，有两种使用方法。

（1）模拟式方法。在这种方式下，关键是需要一个 F/V 转换器，它必须有尽量小的温度偏移和良好的零输入输出特性，用它把编码器脉冲频率输出转换成与转速成正比的模拟电压，它检测的是电动机轴上的瞬时速度，其原理如图 6.28 所示。

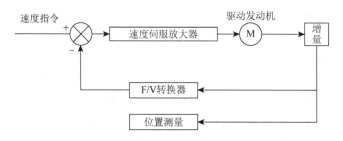

图 6.28　增量式编码器用作速度传感器示意图

（2）数字式方法。编码器是数字元件，它的脉冲个数代表了位置，而单个时间里的脉冲个数表示这段时间里的平均速度。显然单位时间越短，越能代表瞬时速度，但在太短的时间里，只能记得几个编码器脉冲，因而降低了速度分辨率。目前在技术上有多种办法能够解决这个问题。例如，可以采用两个编码器脉冲为一个时间间隔，然后用计数器记录在这段时间里高速脉冲源发出的脉冲数，其原理如图 6.29 所示。

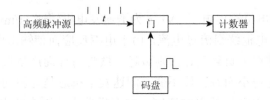

图 6.29　利用编码器的测速原理

设编码器每转输出 1000 个脉冲,高速脉冲源的周期为 0.1ms,门电路每接收一个编码器脉冲就开启,再接收到一个编码器脉冲就关闭,这样周而复始,门电路开启时间是两个编码器脉冲的间隔时间。如计数器的值为 100,则

编码器角位移:

$$\Delta\theta = \frac{2}{1000} \times 2\pi \tag{6.9}$$

时间增量:

$$\Delta t = 脉冲源周期 \times 计数值 = 0.1 \times 100 = 10(\text{ms}) \tag{6.10}$$

速度:

$$\dot{\theta} = \frac{\Delta\theta}{\Delta t} = \left(\frac{2}{1000} \times 2\pi\right) / (10 \times 10^{-3}) = 1.26(\text{r/s}) \tag{6.11}$$

速度传感器有测量平移和测量旋转运动速度两种,但大多数情况下,只限于测量旋转运动速度。利用位移的导数,采用光电方法让光照射旋转圆盘,检测出旋转频率和脉冲数目,求出旋转角度,然后利用圆盘制成缝隙,通过两个光电二极管辨别出角速度,即转速,这就是光电脉冲式转速传感器的原理。此外还有测速发电机用于测速等。

加速度传感器是一种能够测量加速度的传感器。通常由质量块、阻尼器、弹性元件、敏感元件和适调器电路等部分组成。传感器在加速过程中,通过对质量块所受惯性力的测量,利用牛顿第二定律获得加速度值。根据传感器敏感元件的不同,常见的加速度传感器包括电容式、电感式、应变式、压阻式、压电式等。下面介绍应变片加速度传感器、伺服加速度传感器、压电加速度传感器。

1)应变片加速度传感器

Ni-Cu 或 Ni-Cr 等电阻应变片加速度传感器是一个由板簧支撑重锤所构成的振动系统,板簧上下两面分别贴两个应变片(图 6.30)。应变片受振动产生应变,其电阻值的变化通过电桥电路的输出电压被检测出来。除了金属电阻,Si 或 Ge 半导体压阻原件也可用于加速度传感器。

半导体应变片的应变系数比金属电阻应变片高 50～100 倍,灵敏度很高,但温度特性差,需要加补偿电路。

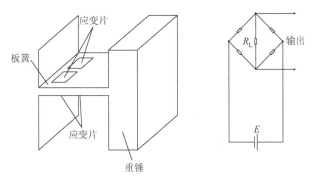

图 6.30　应变片加速度传感器

2）伺服加速度传感器

伺服加速度传感器检测出与上述振动系统重锤位移成比例的电流，把电流反馈到恒定磁场中的线圈，使重锤返回到原来的零位移状态。重锤没有几何位移，因此这种传感器与前一种相比，更适用于较大加速度的系统。

首先产生与加速度成比例的惯性力 F，它和电流 i 产生的复原力保持平衡。根据弗莱明左手定则，F 和 i 成正比（比例系数为 K），关系式为 $F = ma = Ki$。这样，根据检测电流 i 可以求出加速度。

3）压电加速度传感器

压电加速度传感器利用具有压电效应的物质，将产生加速度的力转换为电压。这种具有压电效应的物质，受到外力发生机械形变时，能产生电压；反之，外加电压时，也能产生机械形变。压电元件大多是由具有高介电系数的锆钛酸铅材料制成的。

设压电常数为 d，则加在原件上的应力 F 和产生的电荷 Q 的关系式为 $Q = dF$。

设压电元件的电容为 C，输出电压为 U，则 $U = Q / C = dF / C$，其中 U 和 F 在很大动态范围内保持线性关系。

压电原件的形变有三种基本形式：压缩形变、剪切形变和弯曲形变，如图 6.31 所示。图 6.32 为剪切方式的加速度传感器。传感器中一对平行板或圆筒形压电元件在轴对称位置上垂直固定着，压电元件的剪切压电常数大于压电常数，而且不受横向加速度的影响，在一定高温下仍然保持稳定的输出。

应变仪即伸缩测量仪，也是一种应力传感器，用于加速度测量。加速度传感器用于测量工业机器人的动态控制信号。一般有两类方法，一类方法是由速度测量推演已知质量物体加速度所产生的动力，即采用应变仪来测量这个力进行推演，另一类方法是由电流测量推演加速度，这就是伺服传感器。

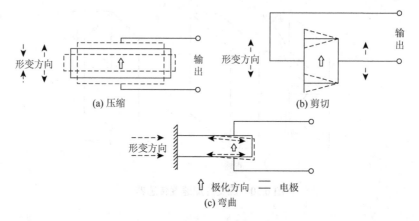

图 6.31　形变的三种基本模式

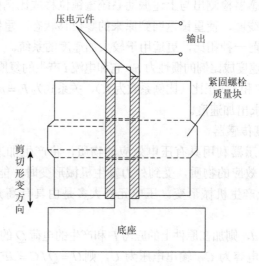

图 6.32　剪切方式的加速度传感器

6.3　智能感知技术

智能传感器就是将传统的传感器和微处理器及相关电路组成一体化结构,使其具备信息监测、信息处理、信息记忆、逻辑思维与判断功能等类似人的某些智能的新概念传感器。智能传感器最初是美国航天局 1978 年开发出来的产品。宇宙飞船需要大量的传感器不断地向地面发送温度、位置、速度和姿态等数据信息。由一台大型计算机很难同时处理如此庞大的数据,因此需要能实现传感器与计算机一体化的灵巧传感器。智能传感器是指具有信息检测、信息处理、信息记忆、逻辑思维和判断能力力的传感器。它不仅具有传统传感器的各种功能,而且还具有数据处理、故障诊断、非线性处理、自校正、自调整以及人机通信等多种功能。它是微电子技术、微型计算机技术和检测技术相结合的产物。

早期的智能传感器将传感器的输出信号处理和转化后由接口送到微处理机部分。20 世纪 80 年代智能传感器主要以微处理器为核心，把传感器信号调节电路、微电子计算机存储器及接口电路集成到一块芯片上，使传感器具有一定的人工智能。90 年代智能化测量技术有了进一步的提高，使传感器实现了微型化、结构一体化，并具有使用方便和操作简单的优点，具有自诊断功能、记忆和信息处理功能、数据存储功能、多参量测量功能、联网通信功能、逻辑思维以及判断功能。

6.3.1　智能感知的定义

随着科学技术的发展，人工智能技术的应用越来越广泛，不断地在各个行业内引入智能感知的概念。目前，智能感知主要体现在机器对环境、物体、声音的感知，在图像识别、自然语言处理、传感器信息采集的基础上，进一步地对信号进行处理及融合，同时依靠智能系统对采集的信号进一步反馈实现一系列操作的过程。

而智能感知的实现是较为复杂的，不仅依靠硬件的信息采集及信息融合，也需要智能算法的一系列运算及闭环反馈，图 6.33 给出了智能感知系统的基本组成。由图 6.33 可知，智能感知一般由感知层、传输层、应用层组成，并依托智能云计算平台进行信息的管理、存储与集成控制。

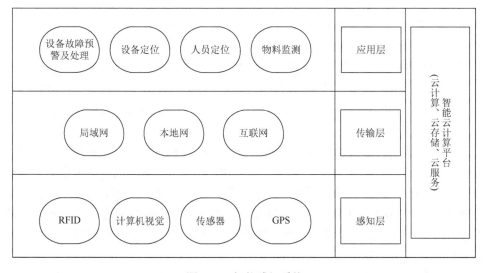

图 6.33　智能感知系统

感知层将多元化的信息进行采集，通常信息采集设备主要包含 RFID，计算机视觉，GPS，温度传感器，压力传感器等各类传感器，并在本地或通过传输层传输到云平台完成采集、感知、识别、汇聚、融合等功能。

传输层主要指将感知层采集的信息通过局域网、本地网及互联网的方式高速传递的过程。

应用层是将决策后的信息反馈到车间各个设备中并进行相应控制决断，主要包含设备故障预警及处理、设备定位、人员定位、物料监测等。

智能云计算平台作为智能感知的重要组成部分其主要功能是实现云计算、云存储及云服务，并将海量数据和信息进行分析与处理，实现人机交互和辅助决策。随着人工智能发展，云计算在数据挖掘的基础上不断地实现自学习，进一步提高管理及决策水平。

总体而言，智能感知不仅包含了对周围事物的数据的采集，同时也包含了对收集后信号做出的反应，因此，完整的智能感知系统应该包含多源的数据采集以及智能决策系统。

6.3.2　制造车间智能感知的应用

智能感知作为人工智能的重要环节及组成部分已在各行业均取得了一定程度的应用。

国家电网研发末端电网智能感知系统，对分支箱、电能表箱的电流电压变化情况进行采集，了解末端供电线路阻抗变化，判断线路是否存在老化、接地不良等问题，在线监测低压线路状态，为低压电网的主动运维提供支撑。

博物馆引入采用智能感知的方法对展厅的客流量、温湿度情况和人群聚集时间等规律进行分析，并合理调整展品位置、提高空间利用率和提高观众参观体验，为预防观众群体意外等提供了客观的数据分析和有益的规划参考。

在车间物料配送中，依据 RFID 技术采集的车间各对象的实时位置信息，以最短运输路径为原则，采用全局路径规划和局部多传感器融合的混合算法实现物料最优的避障配送路径。

目前，航空制造装备的智能感知主要涉及离散车间广泛应用的智能感知网，智能感知网通过在车间中部署无线射频识别、超宽带、条形码等传感设备，实时感知车间物料、设备、产品等生产要素携带的生产数据，即对车间内多源信息进行采集，并按照约定的通信协议，以高可靠性、高安全性传输方式进行实时信息交互与传递，实现车间"人-机-物"的互联互通，以及动态生产过程的跟踪、监控和管理，其主要体现在以下几方面。

（1）智能终端的大量使用，使得工作人员以及相关设备状态能够及时获取，这也是企业实现制造企业生产过程执行管理系统以及企业资源计划（enterprise resource planning，ERP）系统重要的一环。

（2）底层设备智能化，不仅仅包含自动化的生产，同时包含设备运行状态相关数据的采集与处理，具备丰富的感知，并且能够实现初步的自适应生产与诊断能力。

（3）具备大量的智能感知单元，可以采集智能电机运行参数，如温度、转矩、转速、电流等。

（4）拥有广泛的无线传感网络，传感网络中的各传感节点具备自组网功能，能够将各个生产环节的大量相关数据进行大数据分析与处理，从而达到对整个智能物料输送系统的实时数据监控与可视化，大大提高了物料输送系统的工作效率以及生产管理水平。

图 6.34 为基于多源信息的智能感知系统总体设计架构，将多自动导引车（automatic guided vehicle，AGV）输送系统、智能摩擦输送线、单轨自行小车系统（electrified monorail system，EMS）输送线、智能移载平台、工件检测或装配设备、网络视频监控平台等集成为一套智能化物料输送系统，其中，多 AGV 输

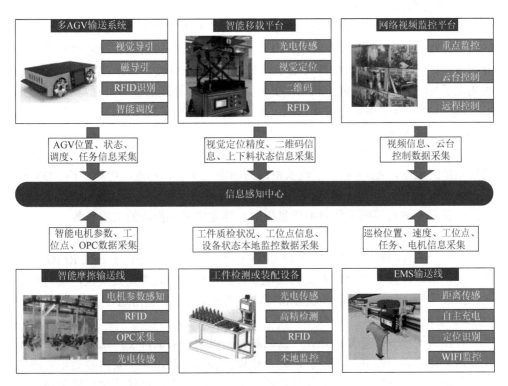

图 6.34　基于多源信息的智能感知系统总体设计架构

送系统不仅包含工位点 RFID 信息感知，同时也必须通过多源信息来实现对 AGV 的综合调度，并通过 Zigbee 自组织网络实现单台 AGV 速度、任务状态等信息的感知，进而为其他输送系统的调度提供有效的信息；智能摩擦输送线有独立的智能电机摩擦驱动单元，每个智能电机通过无线组网便可以将当前状态：速度、温度、转速、转矩等信息上传至控制中心，同时通过 OPC 以及 CAN 总线实现对多条悬挂线的调度控制，完成整个智能摩擦输送线的多条悬挂线同时作业的目标；EMS 输送线能够自主充电，移动方式灵活，对于空间位置快速转移非常有益；智能移载平台是 AGV 上的物料与空中汽车智能摩擦输送线的中间传递平台，采用视觉定位技术来实现托盘的上下料作业，通过传感器感知托盘位置，通过二维码识别物料信息，来实现对上下料的相关信息感知；工件检测或装配设备主要是对装配或者加工后产品的质量检测，通过智能传感器探头来检测产品的合格程度，RFID 来实现装配或者加工信息提取，以选择合适的质量检测标准完成相应的质量检定；网络视频监控平台区别于上述数据采集的方式，是以更加直观可见的形式来对整个物料输送过程完成实时整体化监控，不仅解决了管理人员监管缺位的弊端，而且通过与现场实时数据的采集相结合，就从根本上提高了智能物料输送系统的感知管控能力。

1）智能摩擦输送线

整个智能摩擦输送线由多台智能电机组成，并采用多点接力式传输技术完成物料的输送，每个摩擦驱动单元由 RFID 读卡器、智能控制器、智能电机三大部分组成，每条摩擦输送线均带有电子标签。通过 RFID 读卡器来读取每一条悬挂线的电子标签，来驱动智能电机启动并判别出当前悬挂线的任务信息与编号信息，RFID 读卡器并将这些信息传输给系统服务器完成信息采集工作。

2）多 AGV 输送系统

基于制造物联的智能物料输送系统中，AGV 的搬运中转大大提高了整个物料输送系统的效率，AGV 适用于较长距离的输送且安全、稳定、可靠。该 AGV 底部携带着 RFID 读卡器，能够读取 AGV 导引线途中的任意电子标签，根据系统服务器指派来完成对不同工位点的信息提取，并完成系统指派的工位任务。

3）EMS 输送线

在整个 EMS 输送线中，有多台 EMS 小车，它们的作用在于通过 RFID 读卡器来识别指定位置上的 AGV 货物的电子标签，来判断是否需要质检，是否需要进行抓取作业，如果需要质检就正常抓起，否则让 AGV 正常通行。

4）智能云平台

智能云平台（图 6.35）是在工业物联网基础上，对面向生产过程中采集的多源数据进行数据挖掘并处理分析，为企业提供决策支持，其主要内容是车间内生产现状的描述性建模、车间运行机理的因果性分析、车间性能演化趋势预测、生产调控自主决策优化。

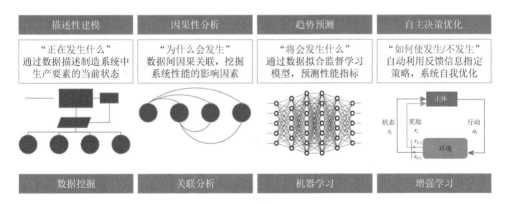

图 6.35　智能云平台

　　相比传统的车间，AGV、移载装置等任务均是通过离线式的预先定义来完成车间内物料调度的，而如今制造业面临的市场环境和社会环境发生了重大变化，多品种、变批量、定制化已成为当前典型的生产特征，物料配送系统的复杂性也显著增加。为满足车间的动态调度，车间势必要采用智能感知技术进行数字化转型，整个数字化车间的物料输送自动化系统中，主要涉及从原材料生产到加工制造以及自动化装配等一系列的生产流程。按照生产数据性质主要分为物料基本信息、物料工艺信息、加工信息、装配信息、过程维护信息等，其中物料工艺信息包含指定工位点信息、加工步骤信息以及备用信息等，过程维护信息包含历史数据与实时数据，并通过智能云平台结合相应算法对采集的大数据进行分析处理，来完成对整个物流生产的感知与监控，提高生产与管理效率。

　　在未来工业制造中，如何进一步深化智能感知技术的应用是企业的主要工作，其中包括如何精准、实时、可靠地获取制造全过程多源信息；如何将制造过程感知技术获得的各类制造的大数据实时处理、传输、融合及高维数据可视化；如何实现更深层次的人机融合及让计算机理解制造环境信息和制造系统本身的信息，并自行分析判断和规划以及如何实现车间内各个设备的精准控制等。因此，智能感知系统在制造业中的应用还有待进一步发展与完善。

第7章　三维可视化与虚拟仿真技术

7.1　三维可视化技术

三维可视化技术（3D visualization）是指利用计算机图形学技术，将三维几何模型转换成图形在屏幕上显示出来，并进行交互处理的理论、方法和技术。采用三维可视化技术，人们可从不同的角度直观地观察和检查三维几何模型。对于复杂产品来说，CAD 生成的三维几何模型数据量巨大，为了提高可视化效率，在三维可视化过程中大多采用轻量化模型。

7.1.1　CAD 轻量化文件

针对三维可视化过程中的模型轻量化问题，CAD 厂商纷纷推出了三维可视化的轻量化 CAD 数据格式，轻量化 CAD 模型解决方案如表 7.1 所示，目前几乎所有的基于产品生命周期管理的软件厂商都有自己的三维可视化的轻量化解决方案，可见其重要性。

表 7.1　轻量化 CAD 模型解决方案

厂商	格式	浏览方式	支持的三维软件
Adobe	U3D	将 U3D 格式的 3D 内容保存在 PDF 文件中并用 Adobe Reader 读取	NX、PRO/E、CATIA、Solidworks、3DMAX 等
达索系统	3DXML	Word/Excel/Email/Web	PRO/E、CATIA、Solidworks 等
Siemens PLM	JT	JT2GO 浏览器	NX、PRO/E、CATIA、Solidworks、SolidEdge 等
Auotdesk	DWF	Web 浏览器	Inventor、AutoCAD、3DMAX 等
PTC	PVS	ProductView Express 查阅器	PRO/E 等
Solidworks	sdrawing	eDRAWINGS	囊括现有主流 3D 格式
ORECL		AutoVue 浏览器	约 450 种格式文件

3DXML 文件格式是法国达索系统集团（Dassault Systemes）在 2005 年 6 月

推出一种完全建立在 XML 基础上的 3D 图形格式标准，它具备一些独特功能，如使用多层图像表示（multi-representational）方法建构的 3D 数据结构、对复杂精密的几何数据有较好的压缩能力等，3D 图形精度高，因此可以广泛地应用于 CAD 设计当中，如机械设计、飞行器设计等。

3DXML 标准是一种基于 XML 的 3D 图形标准，它完全遵守了 XML 的规范，因此它具有良好的通用性、互操作性和扩展性。3DXML 作为一种存储 3D 图形数据的中间格式，各 CAD 软件只要遵循了 3DXML 标准，便可以将各自的 3D 图形数据转化成以 3DXML 格式来存储，这为以统一的方式对 3D 图形数据处理提供了可能。

3DXML 格式文件作为一种轻量化的文件标准，具有以下优点。

（1）易使用。3DXML 具有良好的自描述性，支持以工具和手工两种方式对 3DXML 格式的文档进行读写等操作。

（2）可扩展。由 W3C 定义的基本模式是开放的，可以自由地使用它们来构建 3DXML 文档，同时，也支持用户在基本模式的基础上进行扩展，以满足特定的应用需求。

（3）体积小。与现存的许多其他 3D 图形格式相比，3DXML 文档的体积大大减小，可以节省 90% 的存储空间，因此可以方便地通过 Internet 进行传输，同时也加快了文档播放时的加载速度。

3DXML 文件是一种多文档格式，并采用 ZIP 算法压缩成一个文件，其文件中包含了 Manifest.xml、*3dxml、*.3drep、JPG/BMP 文件等。在*3dxml 文档中，所有的数据都被纳入不同的容器节点中，图 7.1 给出了几类重要的文件容器分类。图 7.1 中可以看出 Model_3dxml 是 3DXML 文档中的根节点，它包含其他所有的容器节点，实线矩形表示的容器是 3DXML 强制要求的，即每个 3DXML 文档都必须给出其定义。3DXML 文件数据结构如图 7.2 所示。

Dassault Systemes 在其所有的产品中（如 CATIA、Virtools 等）都加入了对 3DXML 的支持，可以将 CAD 文件转换成相应的 3DXML 文件，同时 Dassault Systemes 提供了 3DXML 浏览器，但是只能进行最基本的显示操作，而用户在使用模型的过程中，往往要进行如拖拽、生成爆炸图、设置属性、添加注释等操作，这就需要提取图形信息，重新进行组织，完成所需的功能。为了对 3DXML 文件进行解析，提取必要的信息，就需要建立适当的数据结构，对文件数据重新进行组织，以实现对三维模型的浏览和编辑。

针对 XML 文件的解析主要有 4 种解析技术，分别是 DOM 解析技术、SAX 解析技术、JAXP 解析技术和 StAX 解析技术。SAX 不需要把整个文档加载到内存，它的内存占用量是一个常量，所以对内存的占用比 DOM 小得多，可以解析任意大小文件，该解析方式适合解析大型的 XML 文件，可以快速地提取大型装配体的相关信息。

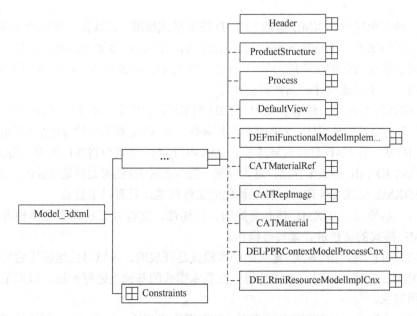

图 7.1　3DXML 文件容器分类

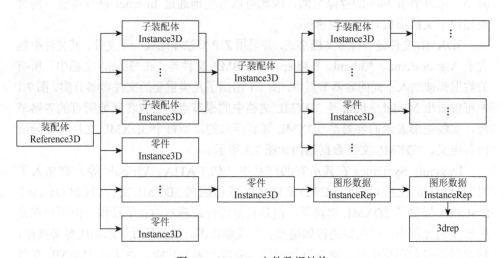

图 7.2　3DXML 文件数据结构

SAX 是一个事件驱动接口，采用顺序的方式读取 XML 文件，在读到 XML 元素的开始标记、结尾标记和内容标记时将产生一系列的事件，返回元素名、属性值、元素内容字符串等信息供用户使用。解析器生成事件的过程中调用的方法有 StartElement（）、Characters（）、EndElement（）等。StartElement（）响应 XML 元素节点开始事件，EndElement（）响应节点结束事件，Characters（）处理所有的非节点字符，包括元素值、空格和换行符。当解析器读取到文件相应内容时，将自动回调相应函数，并将文件信息作为参数传入函数供使用者调用。在解析的过程中，首先对文件进行解压缩，然后读取 Manifest 文件，获取装配信息文件名，读取装配信息，生成产品结构树，同时获取所有的图形数据文件名，最后依次解析图形文件。

Manifest 文件中的＜Root＞元素节点值为装配信息文件名，即扩展名为 3dxml 的文件。扩展名为 3drep 的文件保存图形数据及属性信息。在装配文件中保存的信息较多，但产品的装配结构是人们最关心的，因此主要针对装配信息进行解析，在 3DXML 文件中零件之间的装配关系采用有向非循环图结构进行组织。

产品结构信息由 XML 元素＜ProductStructure＞标识其开始，该节点有 4 类子节点：＜Reference3D＞，＜Instance3D＞，＜ReferenceRep＞，＜InstanceRep＞。每个节点具有唯一的 ID 值。＜Instance3D＞节点有 3 个子节点：＜IsAggregatedBy＞，＜IsInstanceOf＞，＜RelativeMatrix＞，前两个子节点中分别保存了一个 ID 值，表示该实例节点是哪个引用节点的组成部分，该实例节点是哪个引用节点的一个实例，最后一个子节点存储了该实例节点相对其上层引用节点的相对位置矩阵。＜ReferenceRep＞节点保存了图形数据的文件名；＜InstanceRep＞节点作为连接图形节点和零件引用节点的中间节点，其两个子节点保存的信息与＜Instance3D＞的前两个子节点的信息相同。在本书的解析器中，有向非循环图中的节点为＜Reference3D＞和＜Instance3D＞两个元素节点。解析过程主要针对上面的 4 类节点进行解析，重点解析＜Reference3D＞和＜Instance3D＞节点。

在装配文件中，每个＜ReferenceRep＞元素节点对应一个 3drep 文件，即图形文件。3DXML 的一个图形文件中可能包含多个零件的图形数据，这些零件在装配体结构中，可以看作一个完整的零件，而不会影响装配结构的表达。其文件数据结构如图 7.3 所示。

每个零件的图形数据由 XML 元素＜Rep xsi：type = "PolygonalRepType"＞标识其开始，由面片集合＜Faces＞、边集合＜Edges＞和顶点信息＜VertexBuffer＞组成。顶点缓存中保存该零件所有顶点的坐标和法线，在面片信息中只保存组成面的三角形（条带、扇）的索引，可以大大减少图形文件的尺寸。在边集合中的点则直接保存为点的坐标值。为了加快图形绘制的速度，面片信息中使用了 LOD（多细节层次）模型，每个零件最多有 8 个 LOD 模型，由元素＜PolygonalLOD＞标识。在图形绘制过程中，计算该零件到视点的距离，然后根据文件中每个细节层次所提供的临界选取值，即＜PolygonalLOD＞的属性 accuracy，选择相应的 LOD 模型绘制，可以大大提高渲染的效率。

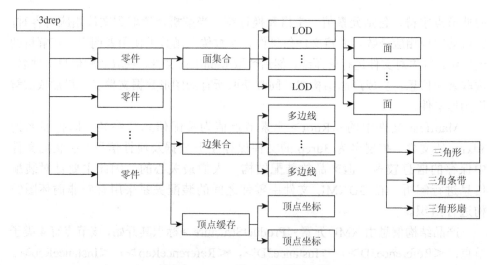

图 7.3　3drep 装配文件数据结构

7.1.2　3D 图像引擎

由于在计算机上显示三维图形十分复杂，通常需要借助三维图形加速卡来加快三维图形的显示速度，因此需要三维应用程序接口（application programming interface，API），该接口是连接应用程序与操作系统、实现对计算机硬件控制的纽带。20 世纪 80 年代末之后，三维图形技术有了迅猛的发展，各种三维图形工具软件包相继出现，我们可接触到的图形 API 可分为 OpenGL 和 DirectX 两大体系。

DirectX 是 Microsoft 开发的基于 Windows 平台的一组 API，它是为高速的实时动画渲染、交互式音乐和环境音效等高要求应用开发服务的。DirectX 并不是一个单纯的图形 API，它提供了一整套的多媒体接口方案。可以让以 Windows 为平台的游戏或多媒体程序获得更高的执行效率，加强 3D 图形和声音效果，并提供一个共同的硬件驱动标准给设计人员，让游戏开发者不必为每一品牌的硬件来写不同的驱动程序，也降低用户安装及设置硬件的复杂度。其次，DirectX 能设置与硬件匹配的程序参数。因此，DirectX 适合于多媒体、娱乐、即时 3D 动画等广泛和实用的 3D 图形计算，以及基于 Windows 平台上的游戏开发等。

OpenGL 的前身是硅谷图形公司（SGI）的 IRIS GL。它最初只是个图形函数库，后来逐渐演化为由这家公司的高端图形工作站所使用的 3D 编程应用程序界面。这些高端图形工作站所使用的计算机具有专门经过优化的硬件，用来显示复杂的图形。相应的硬件提供了超快的矩阵转换能力、深度缓冲以及一些其他功能。可以说，OpenGL 就是 SGI 公司对 IRIS GL 的移植性进行改进和提高的结果。这个新图形是一套独立于操作系统和硬件环境的三维图形库，能够更加容易地移植到不同的硬件和操作系统，它不仅具有 GL 的功能，而且是一个"开放"的标准。目前 OpenGL 已经广泛地应用于可视化、实体造型、模拟仿真等诸多领域。

OpenGL 具有较强的移植性。它定义了跨编程语言、跨平台的编程接口的规格，它用于二维图像、三维图像，是"开放的图形程序接口"。OpenGL 可以独立于视窗操作系统或其他操作系统，是与硬件无关的软件接口，可以在不同的平台，如 Windows、Unix、Linux 等之间进行移植。DirectX 只能用于 Windows 操作系统，移植性较差。

下面主要针对 OpenGL 的工作流程、功能以及开放环境等进行介绍。

1. OpenGL 的工作流程

OpenGL 采用流水线的工作方式，通过 OpenGL 函数进行调用。集合顶点数据包括模型的顶点集、线集、多边形集，是描述场景中的集合构成元素，经过运算器运算（包括几何变换、投影变换等），随后逐个顶点进行图元组装操作，把顶点着色器输出的顶点组合成图元，之后由光栅化将图元转换成一组二维片段，这些二维片段代表这屏幕上的像素，但此时的像素是不带有颜色的，然后对逐个片元进行操作，将光栅化的片段进行着色并调整片元可见性，最后送入帧缓冲器实现图形的显示。图像像素数据的处理方式不同于顶点数据，但是都需要经过光栅化、逐个片元操作，最后送到帧缓冲区，如图 7.4 所示。

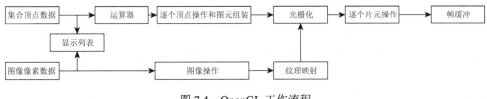

图 7.4　OpenGL 工作流程

运用 OpenGL 对三维图形进行操作，最终在计算机屏幕上显示出三维场景的过程，可以归纳为模型建立、设置光照、观察场景及光栅化过程，其具体操作步骤如下：

（1）根据基本图形建立景物模型，并对所建立的模型进行数学描述；

（2）把景物模型放在三维空间中合适的位置，并设置视点，以观察物景；

（3）计算模型中所有物体的色彩，确定光照条件、纹理映射方式等；

（4）把景物模型的数学描述及其色彩信息转换至屏幕上的像素，在这些步骤的执行过程中，OpenGL 还可能执行其他一些操作，如自动消隐处理等。另外，景物光栅化之后被送入帧缓存前，还可以根据需要对像素进行操作。

2. OpenGL 功能

模型绘制：OpenGL 能够绘制点、线和多边形。应用这些基本的形状，我们可以构造出几乎所有的三维模型。OpenGL 通常用模型的多边形的顶点来描述三维模型。如何通过多边形及其顶点来描述三维模型，在后续章节会有详细的介绍。

模型观察：在建立了三维景物模型后，就需要用 OpenGL 描述如何观察所建立的三维模型。观察三维模型是通过一系列的坐标变换进行的。模型的坐标变换使观察者能够在视点位置观察与视点相适应的三维模型景观。在整个三维模型的观察过程中，投影变换的类型决定观察三维模型的观察方式，不同的投影变换得到的三维模型的景象也是不同的。最后的视窗变换则对模型的景象进行裁剪缩放，即决定整个三维模型在屏幕上的图像。

颜色模式的指定：OpenGL 应用了一些专门的函数来指定三维模型的颜色。程序员可以选择两个颜色模式，即 RGBA 模式和颜色表模式。在 RGBA 模式中，颜色直接由 RGB 值来指定；在颜色表模式中，颜色值则由颜色表中的一个颜色索引值来指定。程序员还可以选择平面着色和光滑着色两种着色方式对整个三维景观进行着色。

光照应用：用 OpenGL 绘制的三维模型必须加上光照才能更加地与客观物体相似。OpenGL 提供了管理四种光（辐射光、环境光、镜面光和漫反射光）的方法，另外还可以指定模型表面的反射特性。

图像效果增强：OpenGL 提供了一系列的增强三维景观的图像效果的函数，这些函数通过反走样、混合和雾化来增强图像的效果。反走样用于改善图像中线段图形的锯齿使线段更平滑，混合用于处理模型的半透明效果，雾化使得影像从视点到远处逐渐褪色，更接近于真实。

纹理映射：三维景物因缺少景物的具体细节而显得不够真实，为了更加逼真地表现三维景物，OpenGL 提供了纹理映射的功能。OpenGL 提供的一系列纹理映射函数使得开发者可以十分方便地把真实图像贴到景物的多边形上，从而可以在视窗内绘制逼真的三维景观。

实时动画：为了获得平滑的动画效果，需要先在内存中生成下一幅图像，然后把已经生成的图像从内存复制到屏幕上，这就是 OpenGL 的双缓存技术。OpenGL 提供了双缓存技术的一系列函数。

交互技术：目前有许多图形应用需要人机交互，OpenGL 提供了方便的三维图形人机交互接口，用户可以选择修改三维景观中的物体。

3. OpenGL 的开发环境

OpenGL 可以在 C++、C、Java 等的环境下开发，其由三部分组成。
函数的说明文件：gl.h、glu.h、glut.h 和 glaux.h。
静态链接库文件：glu32.lib、glut32.lib、glaux.lib 和 opengl32.lib。
动态链接库文件：glu.dll、glu32.dll、glut.dll、glut32.dll 和 opengl21.dll。

4. OpenGL 的库函数采用 C 语言的风格，分别属于不同的库

OpenGL 核心库：核心库提供了 100 多个函数，这些函数由 gl.dll 来负责解释执行，这些函数都以“gl”为前缀，用来建立各种各样的几何模型、进行坐标变换、产生光照效果、进行纹理映射、产生雾化效果等。绘制基本几何图元的函数有 glBegain（）、glEnd（）。矩阵操作、几何变换和投影变换的函数有矩阵入栈函数 glPushMatrix（）、矩阵装载函数 glLoadMatrix（）等。

OpenGL 实用库：实用库是比核心库更高一层的函数库，Glu 为了减轻繁重的编程工作，封装了 OpenGL 函数，Glu 函数通过调用核心库的函数，为开发者提供相对简单的用法，实现一些较为复杂的操作。Glu 函数由 glu.dll 来负责解释执行，包含 40 多个函数，以 Glu 开头，包括纹理映射、坐标变换、多边形分化等。辅助纹理贴图函数有 gluScaleImage（）、gluBuild1Dmipmaps（）、gluBuild2Dmipmaps（）等。用于绘制球面、锥面、柱面的函数有 gluNewQuadric（）、gluSphere（）、gluCylinder（）等。

OpenGL 辅助库：包含有 31 个函数，函数名前缀为 aux。这部分函数提供窗口管理、输入输出处理以及绘制一些简单三维物体。这些函数由 glaux.dll 来负责执行。创建 aux 库是为了学习和编写 OpenGL 程序。aux 库在 Windows 实现中有很多错误，很容易导致频繁的崩溃。在跨平台的编程实例和演示中，aux 很大程度上已经被 glut 库取代。OpenGL 中的辅助库不能在所有的 OpenGL 平台上运行。OpenGL 辅助库有 auxInitDisplayMode（）、auxInitPosition（）、auxWireCube（）和 auxSolidCube（）。

OpenGL 工具库：包含 30 多个函数，函数名前缀为 glut。Glut 是不依赖于窗口平台的 OpenGL 工具包，由 Klilgrad 在 SGI 编写（现在 NVIDIA），目的是隐藏不同窗口平台 API 的复杂度。函数以 glut 开头，它们作为 aux 库功能更强的替代品，提供更为复杂的绘制功能，此函数由 glut.dll 来负责执行。glut 中的窗口管理函数是不依赖于运行环境的，因此 OpenGL 中的工具库可以在 X-Window、

Windows NT、OS/2 等系统下运行，特别适合于开发不需要复杂界面的 OpenGL 示例程序。

Windows 专用库：此库包含 16 个用于连接 OpenGL 和 Windows 的函数，函数名的前缀是 wgl。Windows 专用库只能用于 Windows 环境中。

Win32 API 函数库：此库包含 6 个用于处理像素存储格式和实现双缓存技术的函数，函数名无专用前缀。Win32 API 函数库只能用于 Windows 环境中。

7.2　虚拟仿真技术

虚拟仿真技术比三维可视化技术涵盖更多方面的内容，拥有多感知性和可交互性的特点。虚拟仿真技术又称虚拟现实技术或模拟技术，就是用一个虚拟的系统模仿另一个真实系统的技术。从狭义上讲，虚拟仿真技术是指 20 世纪 40 年代伴随着计算机技术的发展而逐步形成的一类试验研究的新技术；从广义上来说，虚拟仿真技术则是在人类认识自然界客观规律的历程中一直被有效地使用着的一种技术。由于计算机技术的发展，虚拟仿真技术逐步自成体系，成为继数学推理、科学实验之后人类认识自然界客观规律的第三类基本方法，而且正在发展成为人类认识、改造和创造客观世界的一项通用性、战略性技术。

7.2.1　虚拟现实技术

虚拟现实（virtual reality，VR）是一种由计算机和电子技术创造的新世界，是一个看似真实的模拟环境，通过多种传感设备，用户可根据自己的感觉和自然技能对虚拟世界中的物体进行观察和操作，参与其中的事件，同时提供视、听、触等直观而又自然的实时感知，使参与者"沉浸"于模拟环境中。虚拟现实技术将一种复杂和抽象的数据以非量化的、直观的形式呈现给用户，使用户以最自然的方式实现与虚拟世界进行交互，复杂场景的可视化仿真是虚拟现实的重要领域，其目的在于场景的实时生成并显示。

虚拟现实将本来没有的事物和环境，通过各种技术虚拟出来，让人感觉到就如真实的一样。未驾驶过飞机，也能知道驾机飞行的感觉；没有当过宇航员，也能体会到太空飞行中失重的感觉；虽然不是潜水员，但是能感受到深沉大海中的孤寂；虽然无法到访某场景的实地，但是能身临其境一样地到达场景的各个角落等。虚拟现实技术能使人们进入一个三维的、多媒体的虚拟世界，人们可以游览远古时代的城堡，也可以遨游浩瀚的太空。上述这些人类体验，都依赖于计算机图形学、计算机可视化技术的发展。虚拟现实技术所带来的身临其境的神奇效应正渗透到各行各业，成为近年来国际科技界关注的一个热点。它是建立在计算机图形学、人机接口技术、传感技术和人工智能等学科基础上的综合性极强的高新信息技术，在军事、医学、设计、艺术、娱乐等多个领域都得到了广泛应用，被认为是 21 世纪大有发展前途的科学技术领域。

1. 虚拟现实的特点

虚拟现实最重要的特点是为用户提供了两种感受，"逼真"与"交互"。参与者在虚拟世界中身临其境，如同在真实环境中与各种物体相互作用。环境中的物体及其特性，按照自然的规律发展和变化，而人在其中经历视觉、听觉、触觉、运动觉、味觉和嗅觉等感受。"逼真"的感受在于沉浸感，"交互"在于交互性和由沉浸交互引发的无限想象力。因此，虚拟现实的特点总结如图 7.5 所示。

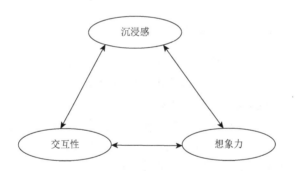

图 7.5　虚拟现实系统的三大特点

首先，虚拟现实提供"沉浸感"，即产生在虚拟世界中的幻觉。沉浸感的意义在于可以使用户集中注意力。因此系统必须有提供多感知的能力，包括视觉、听觉、触觉，甚至是味觉和嗅觉。例如，电视的空间是二维空间而不是现实世界的三维空间。电视的"立体声"效果也不同于现实世界的声音立体特征。而虚拟现实的视觉空间和视觉形象都是三维的，音效也是现实生活的"三维音效"。三维与二维的视觉、音效有本质的区分：在一个二维屏幕上看三维的图像就如同从一个玻璃船底看下面的海水，这时感到自己还是在船上，处于三维环境的边缘，从它的边缘看这个世界的深处。而在一个立体的"屏幕"里看一个视觉世界就像是在潜水。通过一个电脑化的手套来操纵一个三维显示器，进入到虚拟现实的多重感觉的世界中，就如同戴着潜水装置潜入到深海，沉浸在水下环境中，在礁石间穿行，听着鲸鱼的低鸣，捡起贝壳仔细端详，与别的潜水员交谈，完全参与到海底探险的过程当中。这种感觉是如此真实，人们可以全方位地沉浸在这个虚幻的世界中。

其次，虚拟现实强调交互性，即提供方便的基于自然技能的人机交互手段。能使参与者实时操纵虚拟环境，从中得到反馈信息；也能通过计算虚拟环境了解参与者的位置和状态等信息。在虚拟现实中，视觉无疑是最主要和最常用的交互手段。因为观察点是在观察者的眼睛上，这样，观察者就可以得到真实世界里同样的感受。随着图像的变化，再配以适当的音响效果，就可以使人们有身临其境的感受。但是当人们希望用手来触摸虚拟模型，或用手直接对虚拟模型进行操作时，只有视觉和听觉就无能为力了，因而需要研制和开发具有触觉功能的交互手段，也就是具有"力反馈"功能的装置。它可以对使用者的输入（如手势）做出响应。在系统中，用户可以直接控制对象的各种参数，如运动方向、速度等，而系统也可以向用户反馈信息，如模拟驾驶系统中两车相撞，用户会感觉到振颤，车在抖动；经过不平路面时，汽车会颠簸。虚拟现实系统可以引发用户无限的想象力。

2. 虚拟现实系统实现的关键技术

三维建模技术：三维建模的目的在于获取实际三维环境的三维数据，并根据其应用的需要，利用获取的三维数据建立相应的虚拟环境模型。只有设计出反映研究对象的真实有效的模型，系统才有可信度。

立体显示技术：立体显示是虚拟现实的关键技术之一，它使人在虚拟世界里具有更强的沉浸感，立体显示的引入可以使各种模拟器的仿真更加逼真。因此，有必要研究立体成像技术并利用现有的计算机平台，结合相应的软硬件系统在平面显示器上显示立体视景。

真实感实时绘制技术：要实现虚拟现实系统中的虚拟世界，仅有立体显示技术是远远不够的，虚拟现实中还有真实感与实时性的要求，也就是说虚拟世界的产生不仅需要真实的立体感，而且虚拟世界还必须实时生成，这就必须要采用真实感实时绘制技术。

三维虚拟声音的实现技术：三维虚拟声音能够在虚拟场景中使用户准确地判断出声源的精确位置，符合人们在真实境界中的听觉方式。三维虚拟声音的实现技术的价值在于使用两个音箱模拟出环绕声的效果，虽然不能和真正的家庭影院相比，但是在最佳的听音位置上效果是可以接受的，其缺点是普遍对听音位置要求较高。

人机交互技术：在计算机系统提供的虚拟空间中，人可以使用眼睛、耳朵、皮肤、手势和语音等各种感觉方式直接与之发生交互，这就是虚拟环境下的人机交互技术。

碰撞检测技术：碰撞检测经常用来检测对象甲是否与对象乙相互作用。在虚拟世界中，由于用户与虚拟世界的交互及虚拟世界中物体的相互运动，物体之间经常会出现发生相碰的情况。为了保证虚拟世界的真实性，就需要虚拟现实系统能够及时地检测出这些碰撞，产生相应的碰撞反应，并及时更新场景输出，否则就会发生穿透现象。正是有了碰撞检测，才可以避免诸如人穿墙而过等不真实情况的发生，影响虚拟世界的真实感。

3. 硬件组成

虚拟现实的实现离不开硬件设备的支持，为了使体验者更具真实感，虚拟现实硬件通常包括头戴显示器、手持式设备、运动捕捉设备、语音输入设备以及力反馈设备等，进而实现人机交互，使穿戴者具有更好的真实感体验。

针对头戴显示器，国外谷歌、索尼、三星、Oculus、Avegant 等公司，国内 ANTVR（蚁视）等分别推出了自己的解决方案。

4. 应用领域

工业制造：中投顾问发布的《2017～2021 年虚拟现实产业深度调研及投资前景预测报告》指出，基于虚拟现实与增强现实技术开展的工业领域的数字展示服务，能够贯穿于整个生产制造环节，包括初期的市场研究、造型开发、工程开发以及市场开发阶段。利用虚拟现实与增强现实技术可在半成品车上叠加图像，做到虚实测量，通过测量设计的产品与实际样车之间的关系，极大地缩减了研发时间，减少了物理样机制作次数，降低了成本。

娱乐业：娱乐业是虚拟现实技术的主要用途。电影院的观众已经在享受 3D 电影了，但是有了类似 Oculus Cinema 的 app，观众可以更加沉浸在电影体验里。他们可以通过 VR 头显设备投射出的巨大虚拟屏幕看电影，就好像在自己的个人影院里。在图像和声音效果的包围中，他们会觉得自己身临其境。如果你是一个体育爱好者，虚拟现实平台公司 LiveLike VR 已经建成了虚拟球场，你可以在你舒适的沙发上和你的朋友们体验比赛现场的激情。

医疗保健：医疗保健一直都是虚拟现实技术的主要应用领域。一些机构利用计算机生成的图像来诊断病情。虚拟现实模拟软件公司 Surgical Theater and Conquer Mobile，使用计算机轴向断层扫描（computer axial tomography，CAT）或者超声波产生的诊断图像来生成患者解剖结构的 3D 模型。虚拟模型辅助外科医生选择手术切口方式，提前进行复杂手术的练习。

汽车制造业：很多年以来，从设计过程到虚拟原型，汽车制造商一直在使用高科技模拟设备。使用 Oculus Rift，福特汽车公司已经让虚拟现实成为其汽车研发的重点。在密歇根州迪尔博恩的沉浸式实验室，员工可以带上虚拟现实头盔来检查汽车的内部和外部，也可以在汽车被生产出来以前坐在车里体验。这个虚拟现实原型系统允许来自不同部门的设计者和工程师仔细检查不同的元素，如发动机和内饰，以及发现一些潜在的问题。

教育行业：虚拟现实技术能够为学生提供生动、逼真的学习环境，让学生去经历、去感受这些特性。虚拟现实教育为培养学生的发散性思维提供了丰富的资源和便利的空间，将学生的学习、练习及自我测验结合起来，形成一种生动、活泼、积极的教学方式，这是很难被替代的。教育行业将会是一个很好的发展趋势。

当然 VR 所应用的领域不止上面所列举的这些，还包括有电子商务、社交通信、房地产行业、法庭等各行各业。

7.2.2 增强现实技术

增强现实（augmented reality，AR），也称为扩增现实技术，发源于虚拟现实技术。增强现实技术是近年来兴起的热门技术之一，受到国内外众多研究者的广泛关注。1997 年，Azuma 对增强现实技术提出了一个广泛的定义，他认为增强现实技术是指将真实环境和虚拟环境准确地注册到三维环境，使虚拟与现实相融合，实现实时交互的一种技术。Milgram 在后续的研究中对增强现实重新进行了定义，他认为增强现实技术是一个从真实到虚拟环境的连续统一体。增强现实靠近真实世界的一端，用计算机生成的数据可以增强真实环境，加强用户对环境的理解。

增强现实是虚拟现实技术的延伸，是通过计算机技术，将虚拟的信息应用到真实的世界，真实的环境和虚拟的物体实时地叠加到同一个画面或同一空间的一种技术，该技术对真实世界起到扩张和补充的作用（而不是完全替代真实世界），从而加强用户对现实世界的认知感。

1. 增强现实的特点

虚实结合：增强现实强调虚实结合，将虚拟的物体叠加或合成到真实世界中。它允许用户看见虚拟和现实融合的世界，增强现实是强化真实而不是完全替代它。因此，通过真实环境与虚拟环境的融合，用户可以更方便地对真实环境进行细致的观察，探索其奥秘，达到虚实结合的最大效果。

三维沉浸：三维沉浸即根据学习者在三维空间的运动来调整计算机所产生的增强信息。增强现实技术给用户构建出"真实感"的体验环境，让用户沉浸在其中的认知体验与在真实物理世界的认知体验相似或者相同。这种"真实感"的体验为用户构建了"真实"的环境，让用户更易融入虚实结合的环境，实现三维沉浸。

实时交互：增强现实技术利用已有的真实世界环境与虚拟场景进行完美融合，为用户提供一种"真实感"的复合视觉效果场景。场景随着用户周围真实世界的改变而变化，使这种复合视觉效果变得更为真实，虚拟物体还可以与用户和真实物体以一种自然的方式进行互动。在使用增强现实技术过程中，用户可以通过实时操作交互、多感官输入信息的认知交互、全身心体验的情感交融，在认知体验、知识获取及互动方面享受独特的优势，从而使用户获取多种认知体验，从多角度获取知识。

2. 增强现实应用的关键技术

增强现实应用为了实现虚拟与现实场景无缝融合的人机交互体验，主要依赖于三维空间注册技术、人机交互技术和 3D 展现技术这三个关键技术。当然还包括在 VR 系统实现的一系列关键技术，在此就不一一列举。

三维空间注册技术：三维空间注册技术即通过对现实场景中的图像或物体进行追踪和定位，通过计算机虚拟世界与现实世界坐标系的对应关系，实现将虚拟物体按照正确的空间透视关系叠加到现实场景确定位置。目前有可基于光学或深度摄像机的图像实时识别追踪和基于传感器的物体运动追踪两种实现方式。

人机交互技术：传统的人机交互手段，如鼠标，由于是二维平面空间的操作方式，并不能很好地适应增强现实这种需要在现实三维空间进行人机互动的全新应用场景。而人体动作捕捉或手势识别这种全新的三维空间交互技术，能够以更准确的方式让使用者在现实场景中实现与虚拟物体的互动，同时辅助逐渐成熟的语音识别、3D 虚拟环绕声、虚拟触感反馈等多模态交互技术，实现了更自然的虚实融合的人机交互方式。

在专业的增强现实应用领域，人体动作捕捉与手势识别功能一般由光学动作捕捉设备与数据手套设备实现，以满足准确的三维空间位置追踪需求。同时配合集成摄像机的增强现实头戴显示设备（see-through HMD），实现第一视角的交互体验。同时随着基于深度摄像机技术的体感设备（如微软的 Kinect 体感设备）的普及，用于娱乐或互动体验展示的增强现实应用开始更多地结合这种精度较低的动作捕捉设备，以实现三维空间的虚实互动能力。

在软件的图形交互界面的实现上，由于增强现实技术独特的虚实融合的三维展示效果，传统的 2D 平面界面表现方式也被扩展到更加自然的 3D 空间交互方式，并与现实场景和物体有更紧密直观的关联。同时，在同一场景下的多人协作与互动增强现实应用将需要更复杂的数据同步与展示交互方式。结合使用 3D 虚拟环绕声的虚拟物体增强现实声音技术与虚拟触感反馈技术，也是进一步提高增强现实应用自然交互体验的技术方向。

3D 展现技术：一个典型的增强现实应用，除了依赖各种基于识别追踪算法的三维空间注册实现，为了达到逼真的虚实融合的三维展现效果，一个高效率的 3D 实时软件渲染引擎以及各种辅助的 3D 展现设备也是必不可少的。图 7.6 是一个增强现实应用的系统结构图，展示了增强现实应用、增强现实跨平台开发库以及各种硬件设备之间的互相依赖关系。

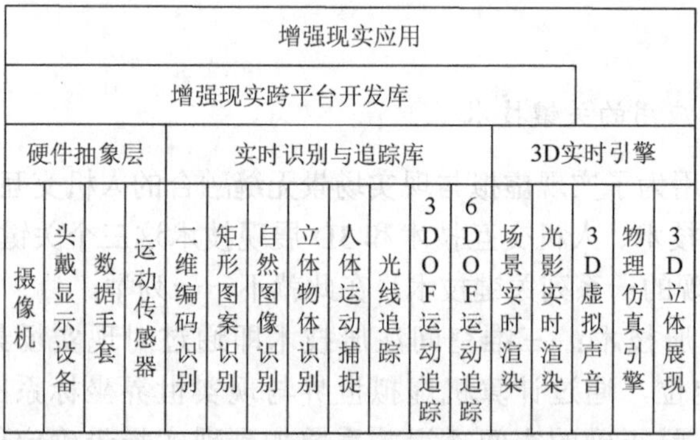

增强现实应用																	
增强现实跨平台开发库																	
硬件抽象层				实时识别与追踪库								3D实时引擎					
摄像机	头戴显示设备	数据手套	运动传感器	二维编码识别	矩形图案识别	自然图像识别	立体物体识别	人体运动捕捉	光线追踪	3DOF运动追踪	6DOF运动追踪	场景实时渲染	光影实时渲染	3D虚拟声音	物理仿真引擎	3D立体展现	

图 7.6　增强现实应用的系统结构图

现在主流的开源或者商用 3D 实时渲染或游戏引擎，可以充分地利用新一代 CPU 以及图像 GPU 的多核运算能力，达到实时逼真的现实场景内虚拟物体的 3D 渲染效果。同时，配合摄像机实景光线追踪结果实时运算各种光影动态效果，应用于虚拟物体之上，以提升虚实融合的展现能力。主流的 3D 引擎，一般都集成有完整的 3D 虚拟环绕声实现库、物理特效（虚拟物体的重力、碰撞、粒子等物理效果仿真）实现库，可以直接被增强现实应用于提高人机交互体验以及虚拟物体在现实场景的运动仿真。用于增强现实应用显示的硬件设备，除了一般的屏幕以外，还可以使用安装有摄像机的增强现实头戴显示设备，实现透视的第一视角观看效果。新的增强现实头戴显示设备一般都集成有双摄像头，以及双目显示器，实现现实与虚拟场景融合的立体显示效果。除了这种基于摄像机视频捕捉到双目显示器的视频透视（video see-through）头戴显示设备，透过将叠加的虚拟物体和数字信息直接投影到光学眼镜片的光学透视（optical see-through）头戴显示设备也是未来增强现实头戴显示设备便携化的发展趋势。

3. 增强现实硬件

增强现实的实现同样需要一定的硬件支持，常见的设备有以下几类：头盔显示器、非头戴式显示器、力觉和触觉反馈器、跟踪定位器等。其中，增强现实中头盔显示器采用透视式头盔显示器，将收集到的真实世界的信息数据与虚拟数据融合在一起传递给用户。

4. 增强现实的应用领域

数字营销：增强现实技术为数字营销开拓了全新的模式，能够让消费者以全新的视角去发现、了解并体验各种产品。

互动式知识学习系统：科技展馆为了以寓教于乐的方式吸引游客，越来越多地开始利用增强现实技术带来的安全逼真的交互体验以及虚实结合的场景展现能力，提升展项的真实感、娱乐性与互动体验。同时，增强现实技术也适用于结合人体动作捕捉的科学模拟实验、结合识别标识卡片的物体认知与游戏问答以及使用增强现实观景机的历史场景复原等。同时，增强现实技术也是课件制作或辅助教材试验的全新手段。

导航系统：外科手术导航系统。它将微小的人体器官放大，使得外科医生能看到器官的细节，方便医生进行手术。

便携浏览系统：将增强现实技术与传统平面印刷品结合，把 3D 模型、动画或者视频叠加到印刷品上与读者互动，实现读物内容跃然纸上的全新阅读体验；将增强现实技术结合当前快速发展的数字出版平台，基于后置摄像头的手持阅读设备，实现将 3D 模型或者动画叠加到读者身边的现实环境中，并通过第一视角观看互动，把电子读物的多媒体体验上升到了一个全新的层次。

辅助设计与仿真系统：利用增强现实技术，结合可穿戴硬件平台，可以实现以第一视角在实景中展示设计作品或仿真设备的外观，并通过自然方式与虚拟模型进行人机互动，有效地解决了虚拟现实技术存在的这些问题，是辅助工业设计、服装设计、装潢设计、建筑设计以及设备仿真的全新方向。

物联网：将附加数字属性的物体，连接到互联网上，而增强现实技术将附加在物体上的数字属性可视化，并提供与人自然交互的能力。因此当物联网与增强现实技术结合时，可以实现将可定位的电子标签以增强现实的方式，通过移动终端或者监控系统进行数字信息可视化管理，实现了人与数字化物联网之间全新的无缝交互模式。

7.2.3 混合现实技术

混合现实技术（mixed reality，MR），是由"智能硬件之父"多伦多大学教授

Mann 提出的概念。混合现实技术是增强现实技术的延伸，也是虚拟现实技术的进一步发展，它通过计算机图形技术和可视化技术产生现实环境中不存在的虚拟对象，并通过传感技术将虚拟对象叠加到真实环境中，真实的环境和虚拟的对象实时地显示在同一个画面或空间，用户利用显示设备，便可以看到一个感官效果真实的新环境。

1. 混合现实的特点

混合现实（既包括增强现实和增强虚拟）指的是合并现实和虚拟世界而产生的新的可视化环境。在新的可视化环境里物理和数字对象共存，并实时互动。系统通常采用三个主要特点：它结合了虚拟和现实；在虚拟的三维空间（3D 注册）；实时运行。

混合现实的实现需要在一个能与现实世界各事物相互交互的环境中。如果一切事物都是虚拟的那就是 VR 的领域了。如果展现出来的虚拟信息只能简单叠加在现实事物上，那就是 AR。MR 的关键点就是与现实世界进行交互以及信息的及时获取。相比于 VR，MR 有现实成分的存在；相比于 AR，MR 有虚拟与现实之间的交互成分的存在。

2. 混合现实应用的关键技术

1）感知系统

要把现实整合进虚拟，就需要 3D 建模，但是还需要运动感知，所以感知系统很重要。

图像识别：计算机系统快速和精确地分析图像并识别其中特征的能力。

首先你得把现实的东西虚拟化，也就是先得用摄像头捕捉画面，但我们都知道摄像头捕捉的画面都是二维的，也就是画面是扁平的，没有立体感，所以还得把二维的图像通过计算机形成三维的虚拟图像，这称为 3D 建模，只有这样虚拟化之后，你才能把它很好地融合进虚拟的 3D 世界里面。

同步位置和映射（synchronize location and mapping，SLAM）：用于定位一个人并同时映射环境的技术。

SLAM 是混合现实应用的关键。为了在新的、未知的或不断变化的环境中发挥作用，技术需要不断地创建这些环境的地图，然后定位和跟踪一个人在其中的运动。采用图像识别和深度传感器数据的 SLAM 算法来计算用户在物理世界中的位置。

2）开发工具

苹果公司就直接推出来了给自己的增强现实平台做开发的一套系统 ARKit，并且向所有的第三方开发者开放。同时，它对另一个开发工具公司是完全兼容的，这个工具称为 Unity 3D，是由 Unity 公司推出来的。因此，Unity 公司应该在未来有很大的成长空间。

3）显示设备

我们容易习以为常地认为不管是增强现实也好，还是虚拟现实也好，都需要在头上戴一个大的头盔，戴一个大显示器。因为不管是虚拟现实的 Oculus，还是增强现实的 Mata，都是这么个设备。但实际上苹果做了一个很好的示范，就是手机本身就可以是一个显示器。我们自然可以想到，iPad 也可以是个显示器，而且苹果这回是下定决心用 iPad 来实现所有的移动计算能力，使它未来成为移动笔记本电脑的替代品。

你可以想象 iPad 未来的能力会很强大。也许下一次到你家来帮你做电器维修或者疏通管道的那个工人随身就会带着一个 iPad，给你的设备拍照，然后和他的师傅远程交流来解决你们家的现实问题。

当然，不管是手机还是 iPad，手持总是不够方便。所以，像第六感（现实和虚拟融为一体的产品）那样的可穿戴，也就是说手势可跟踪的设备将来会出现。

我们认为，在这个混合现实的潮流当中，还会涌现出大量的可穿戴设备，也许原来没有实现产品化的第六感在这个潮流当中会实现产品化，尤其是一些行业专用的可穿戴系统会大量出现。

4）底层技术

高通推出来的骁龙 835 芯片，基本上已经能够解决虚拟现实、增强现实的计算需求了。

从带宽上讲，4G 覆盖得越来越完善，5G 也已经开始应用了。因此我们可以看到，虽然混合现实和虚拟现实产业链有点不同，但基本上还是重叠度很高的。

由于 MR 的复杂性，其实现的关键技术还包括 VR 和 AR 系统实现的一些关键技术。

3. 混合现实的应用领域

在教育领域中，学生看到的不再是乏味的文字及图片展示，通过混合现实技术生成一种逼真的视、听、触以及动等感觉的虚拟环境，可以更直观地展示混合现实技术的娱乐性和互动性，这是对主流教学形式的丰富和补充，为教学形式的多样化提供了更多可能。

在医疗领域中，混合现实技术也将发挥出巨大的潜力，如与医院里常用的 CT 融合，对原来拍出的黑灰色的二维照片，通过混合现实技术实现三维立体成像显示，这样一来，可以让普通患者直接看到自己身体内部器官的位置结构以及病情的状况，使原来不好解释的二维图像立体地显示出来，医生可以更容易地说明患者的病情。

在艺术与娱乐领域，混合现实技术也大有用武之地，例如，它可以复原文物古迹，重现古代的历史建筑风貌，也可以为各种人文景观添加相应的视频图片文本的注解，丰富旅游观光的知识性与趣味性。

作为新型的人机接口和仿真工具，混合现实技术的应用领域极广，包括教育、医疗、体育、军事、艺术、文化、娱乐等各个领域，最近几年，又在接近人类生活的人工智能、图形仿真、虚拟通信、娱乐互动、产品演示、模拟训练等更多领域带来了革命性的变化。

7.3　数字孪生技术

数字孪生（digital twin）的概念最早出现于 2003 年，由 Grieces 在美国密歇根大学的产品全生命周期管理课程上提出。后来，美国国防部将数字孪生的概念引入航天飞行器的健康维护等问题中，并将其定义为一个集成了多物理量、多尺度、多概率的仿真过程，基于飞行器的物理模型构建其完整映射的虚拟模型，利用历史数据以及传感器实时更新的数据，刻画和反映物理对象的全生命周期过程。

数字孪生是以数字化方式为物理对象创建的虚拟模型，来模拟其在现实环境中的行为。通过搭建整合制造流程的数字孪生生产系统，能实现从产品设计、生产计划到制造执行的全过程数字化，将产品创新、制造效率和有效性水平提升至一个新的高度。同时，数字孪生也是充分地利用物理模型、传感器更新、运行历史等数据，集成多学科、多物理量、多尺度、多概率的仿真过程，在虚拟空间中完成映射，反映相对应的实体装备的全生命周期过程。数字孪生是一个物理产品的数字化表达，以便于我们能够在这个数字化产品上看到实际物理产品可能发生的情况，与此相关的技术包括增强现实、虚拟现实、虚拟实时仿真等，并依赖于动态场景构建技术、内存数据库技术、拟真渲染技术和多终端交互技术的综合应用。

7.3.1　动态三维场景构建

动态场景的构建是在虚拟世界中对生产线进行具象描述，包含了几何建模、物理建模、运动建模等。

1. 几何建模

几何建模是虚拟现实建模技术的基础，包括三维数模的建立和模型层次结构的确立，三维数模的建立是构建仿真场景的基础，而模型层次结构则反映了模型间的从属关系和运动继承关系。物体的形状由构造物体的各个三角形、多边形和顶点等来确定，物体的外观则由表面颜色、纹理、光照系数等来确定。虚拟环境中的几何建模是物体几何信息的表示，涉及表示几何信息的相关构造、相关数据结构与操纵该数据结构的算法。虚拟环境中的每个物体包含形状和外观两个方面。因此，用于存储虚拟环境中几何模型的模型文件应该能够提供上述信息。同时，还要满足虚拟建模技术的三个常用指标——交互式操纵能力、交互显示能力和易于构造的能力对虚拟对象模型的要求。

以 CATIA、UG 为代表的工程软件利用特征造型和参数化造型技术，确保了模型的精度并提高了模型的修改效率，在机械建模领域应用广泛；而 3dmax、Rhino 这类具有三维造型功能的软件，其可堆叠的建模步骤和灵活多样的修改器相结合，在柔性体、不规则物体建模方面更具优势。建模软件内部一般都包含模型的树结构，仿真场景中模型的层次结构就是基于模型的树结构和模型的运动特征建立的。

2. 物理建模

物理建模关注的是物体的物理属性，物理建模定义了物体的材质特性、重力参数、让仿真场景更加接近真实的物理场景，可以利用商业仿真软件的参数化组件，也可以针对物体的物理特性进行开发和设置。其中，物体的材质设定通过着色器编程，改变模型的渲染模式，呈现不同的视觉效果；物体的重力设定是在设定物体重量的基础上，根据牛顿运动学定律和动量守恒定律来定义单个刚体的运动。粒子系统和分形技术就是典型的物理建模方法，在虚拟现实中粒子系统用于动态的、运动的物体建模，常用于描述火焰、水流、雨雪、旋风、喷泉等现象。分形技术在虚拟现实中一般仅用于静态远景的建模。

3. 运动建模

运动建模通常指的是几何的运动、碰撞、改变、捕获、表面变形、缩放等。在虚拟环境中，仅建立静态的三维几何体是不够的，物体的特性还涉及位置碰撞、改变，这也是虚拟环境难以处理的问题之一。运动建模通常包含碰撞检测和对象位置的变化，碰撞检测是虚拟现实技术的一个重要技术，它在运动建模中经常使用。例如，虚拟现实系统中，人不能穿墙而入，否则便与现实生活相悖。碰撞检测需要计算两个物体的相对位置。碰撞检测技术是虚拟环境中对象与对象之间碰撞的一种识别技术。如果要对两个对象上的每一个点都做碰撞计算，就要花许多时间。因而，为了节省系统开销，许多虚拟现实系统在实时计算中，常采用矩形边界检测的方法来节省时间，但这么做有时会牺牲一定的精确性。对象位置包括对象的移动、旋转和缩放。在虚拟现实中，我们不仅对绝对坐标感兴趣，也对三维对象相对坐标感兴趣。对每个对象都给予一个坐标系统，称为对象坐标系统。这个坐标系统的位置随物体的移动而改变。

7.3.2　实时渲染技术

三维场景完成建模后,需要对场景进行渲染,渲染是指把模型在视点、光线、运动轨迹等因素作用下的视觉画面计算出来的过程。

渲染的方式有离线式渲染和实时渲染。离线式渲染就是在计算出画面时并不显示画面,计算机根据预先定义好的光线、轨迹渲染图片,渲染完成后再将图片连续播放,实现动画效果。这种方式的典型代表有 3dmax 和 Maya,其主要优点是渲染时可以不考虑时间对渲染效果的影响,缺点是渲染画面播放时用户不能实时控制物体和场景。实时渲染是指计算机边计算画面,边将其输出显示,这种方式的典型代表有 Vega、Virtools 等。实时渲染的优点是可以实时操控(实现三维游戏漫游、军事仿真、灾难模拟等),缺点是要受系统的负荷能力的限制,必要时要牺牲画面效果(模型的精细、光影的应用、贴图的精细程度)来满足实时系统的要求。

离线式渲染的典型应用是影视动画,实时渲染的典型代表是三维游戏。两者都是模拟真实和想象的世界,用高度细节模型,产生平滑连续的运动,并以一定的帧率进行绘制来达到对三维模型的渲染和演示,有一定的相似性,但区别也是很明显的。

离线式渲染主要用于电影、广告等以及预先设计好的模式的演示。实时渲染主要用于无预订脚本的视景仿真,例如,飞行训练、影视游戏和交互式建筑演示。

离线式渲染的动画的每帧则是预先绘制好的,即动画设计师设置帧来绘制顺序并选择要观看的场景,每一帧甚至可以花数小时进行渲染;而实时渲染对渲染的实时性要求严格,当用户改变方向、穿越场景、改变视点时,都要重新渲染画面。在视景仿真中,每帧通常要在 1/30 s 内绘制完成。

实时系统的必要组成元素是实时应用程序、图形生成器、图形数据库、建模组件和视觉真实性。

1. 实时应用程序

实时应用程序负责控制图形显示、视角运动、物体运动及一切场景互动。实时应用的互动性基本全部依赖于应用程序。实时应用程序通常是基于一个图形引擎的 API 用可视化编程软件编写的。

这个图形引擎可以是专业的实时应用引擎,如 Vega API,也可以是游戏引擎,如 FarCryEngine,还可以是开源引擎,如 Open Scene Graphic(OSG)。这三者各有优缺点。专业实时引擎和游戏引擎都非常昂贵,而且每个项目的复制都收取授权费,而且源代码不公开,不能修改。而开源引擎免费或只收取少量费用,源代码是公开的。但单就图形效果和技术支持来说，这三者各有出色的代表，如上面提到的三个引擎就分别是各自类别的佼佼者。因此选择一个引擎的话，仅考虑开发容易程度和性价比就行了。当然了，Creator 的 FLT 还是 Vega 支持得最好，但 OSG 也是支持 FLT 的。

2. 图形生成器

图形生成器（image generator，IG），指渲染图形帧的硬件。根据计算量的需要和资金情况可以选择不同的 IG：

（1）一般为了和 Windows 兼容和开发的方便，都直接用 PC 作为 IG。

（2）好一点的 IG 可以用配有双 CPU、专业显卡、SCSI 硬盘的图形工作站。如 HP 的 xw 系列，一台 xw8200 基本可以满足所有的需要了。专业的 IG 能使用多 CPU 并行运算，且多数支持大屏幕显示方案，如 Indigo Impacts、Reality Engines 或 Infnite Realitys。

（3）再高级的就是洞穴投影系统了，简称 Cave，是由多面墙形多通道投影屏幕组成的房间形显示设备。这是终极设备，动辄上百万美元，即使在美国的大学也不常见。

3. 图形数据库

图形数据库指包含虚拟场景所需的位图、模型、灯光、材质等图形数据的数据库，如 FLT 文件。为了结合声音、文字等材料，还可以通过数据库接口调用传统的数据库，如 Access 和 SQL。

4. 建模组件

建模用的软件在预算中也会占用很大的部分。一般只用 Creator 也是可以的。但 Creator 建模有其局限性，所以常常需要其他建模软件的协作。

5. 视觉真实性

在各种元素中，视觉真实性是最重要的部分。实时应用系统除了互动性，真实性是同样重要的。高效的模型只需要把用户感兴趣的部分做出"感觉"来就可以了，其他部分可以适当地省略以节省有限的资源。

7.3.3　实时驱动技术

1. 关系型数据库

关系模型是目前应用最为广泛的一种数据模型，1969 年，科德在 IBM 的内部刊物发表了论文，首次提出了关系数据模型。1970 年，科德在美国计算机学会会刊上发表了大型共享数据库的数据关系模型，引起了广泛关注，这也是至今关系型数据库的基础，关系型数据库把所有的数据以二维表的形式通过行和列表示出来，给人以更加直观的感受。关系数据库通过某个数据进行关联，这就可以使数据独立存在，使数据结构简单易行。

关系型数据库是以关系模型为基础的数据库，借助于几何代数等概念和方法来处理数据库中的数据，它采用单一的数据结构来描述数据间的联系，并且提供了一种结构化查询语言——SQL 的标准接口。关系型数据库是根据表、字段和记录之间的关系进行组织和访问的一种数据库，它通过若干个二维表来存取数据，并且通过关系将这些表联系在一起。

1）表

在数据库中，表（table）是数据物理存储的基本单位，关系型数据库中的一个关系即为一个二维表，它是一种按行和列排列的具有相关信息的逻辑组。表是一种数据对象，它可以具有很多属性，这些属性构成了表的结构。

2）字段

数据库表中的每一列称为一个字段（field）。每一列有一个名字称为字段名称，每个字段描述了它所含有的数据的意义。在创建一个数据库表时，要为每个字段设置数据类型和定义数据长度等属性。例如，客户信息表 CustomerInfo 包括客户编号、客户姓名、客户性别、客户出生日期、客户联系方式、客户交易次数和是否VIP 7 个字段。其中，客户编号和客户姓名字段可定义为字符型，客户出生日期可定义为日期型。客户交易次数可定义为数值型。

3）记录

数据库表中的每一行称为一个记录（record）。一个记录用来存储一个实体的相关信息，数据库表中的任意两行都不能相同，即不能有相同的记录，但记录出现的先后次序可以任意。例如，客户信息表 CustomerInfo 有 6 个记录，分别用来描述 6 个客户的信息。每个客户的信息用 7 个字段来表示。

4）关键字

在数据库表中，关键字（key）用来标识（识别）一个记录的某个字段或多个字段，以确保数据库表中记录的唯一性。若此关键字能够唯一地标识一个记录，则称为主关键字或主键。即主关键字必须有一个唯一的值，且不能为空值，空值就是"不知道"或"不确定"的值。

5）索引

在 SQL Server 中索引（index）就是数据库表的目录，是数据库表中数据和相应的存储位置的列表，它是为加速查找引入的。索引提供了一个针对数据库表中特定列的数据的指针，然后根据所指定的排列顺序排列这些指针，使数据库达到提高检索数据库记录效率的目的。索引是根据数据库表中的关键字建立的，它以特定的顺序将关键字全部的值及其相应记录的地址存储在一个索引文件上。查找数据时，数据库管理系统先从索引文件上找到信息的位置，再根据指针从数据库表中读取数据。这种方法就像我们使用一本书的目录一样，通过目录可以快速地找到相关信息。实际上，索引就是关键字的值到记录位置的一张转换表。在一个数据库表中可以建立多个索引，但只能有一个主索引且主索引的字段值不允许重复，是唯一的。例如，在客户信息表 CustomerInfo 中，可以"客户编号"为索引字段建立一个索引。取名为 bh，这样就可以按客户编号进行快速检索。

关系型数据库采用关系模型作为数据的组织方式，它由许多这样的数据库表组成。关系型数据库具有如下优点：

（1）关系型数据库建立于严格的数学概念基础之上；

（2）概念单一，实体及其联系均用关系表示，数据操作的对象及结构都是一个关系；

（3）存取路径对用户透明，具有较高的数据独立性和安全性。

2. 实时数据库

监控系统对数据库的应用与传统应用不同，一方面，监控系统要维护大量共享数据和控制数据；另一方面，监控系统有很强的时间性，要求在规定的时刻或一定时间内完成处理；此外，监控系统所处理的数据具有一定的时效性，过时则有新的数据产生，导致之前的决策或计算无效。所以，监控系统对数据库和实时处理两者的功能与特性都有要求，既需要数据库支持大量数据的共享，维护其数据的一致性，又需要实时处理来支持其任务与数据的定时限制。

但是，传统的数据库系统旨在处理永久（或长时间）、稳定的数据，强调维护数据的完整性、一致性，其性能目标是高的系统吞吐量和低的代价，并不考虑有关数据及其处理的定时限制。而传统的实时系统虽然支持任务的定时限制，但它针对的是结构与关系很简单、稳定不变和可预报的数据，不涉及维护大量共享数据及其完整性和一致性。因此，需要将两者的概念、技术、方法与机制"无缝集成"（seamless integration，SI），产生了实时数据库。实时数据库就是其数据和事务都有显式定时限制的数据库，系统的正确性不仅依赖于事务的逻辑结果，而且依赖于该逻辑结果所产生的时间。先进的监控组态软件都有一个实时数据库作为整个系统数据处理、数据组织和管理的核心，也有人称其为数据词典。

实时数据库的基本特征就是与时间的相关性。实时数据库在以下两方面与时间相关。

1）数据与时间相关

按照与之相关的时间性质不同，又可分为以下两类。

（1）时间本身就是数据，即从"时间域"中取值，如"数据采集时间"。它属于"用户自定义的时间"，也就是用户自己知道，而系统并不知道它是时间，系统毫无区别地将其像其他数据一样处理。

（2）数据的值随时间而变化。数据库中的数据是对其所面向的"客观世界"中对象状态的描述，对象状态发生变化则引起数据库中相应数据值的变化，因而与数据值变化相关联的时间可以是现实对象状态的实际时间，称为"真实"或"事件"时间（即现实对象状态变化的事件发生时间），也可以是将现实对象变化的状态记录到数据库，即数据库中相应数据值变化的时间，称为"事务"时间。实时数据的导出数据也是实时数据，与之相关联的时间自然是"事务"时间。

2）实时事务有定时限制

典型的定时限制就是其"截止时间"。对于实时数据库，其结果产生的时间与结果本身一样重要，一般只允许事务存取"当前有效"的数据，事务必须维护数据库中数据的"事件一致性"。另外，外部环境的反应时间要求也给事务施以定时限制。因此，实时数据库系统要提供维护有效性和事务及时性的限制。

实时数据库结构图如图 7.7 所示。从系统的体系结构来看，实时数据库与传统数据库的区别并不大，同样可以把实时数据库分为外部级、概念级、内部级。外部级最接近用户的有图形界面系统、第三方应用程序等。概念级涉及所有用户的数据定义。内部级最接近物理设备（如内存或磁盘），涉及实际数据存储方式。

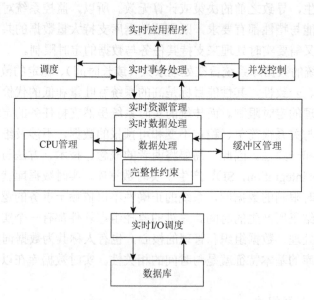

图 7.7　实时数据库结构图

与普通的数据库相比，实时数据库面对的数据具有以下的特殊性。

（1）所有的实时数据都有确定的时间属性，几乎所有的数据处理都是以严格的时间序列为基准的，并且是时间驱动存储的。而通用数据库的数据则是基于实体关系的，其数据处理则是业务驱动存储的。

（2）实时数据库的数据存储分为两种截然不同但是联系紧密的类型：实时数据和历史数据。实时数据总是根据外界输入周期性地实时更新，具有强时效性和动态性。历史数据则是将过去的实时数据连同其时间戳永久性地保存在存储介质中，以备将来查询。与之不同的是，通用数据库的数据存储只有业务驱动下的永久、稳定的存储。

（3）实时数据库的存储频率非常高，累计存储量非常大。以一个 600MW 火电机组为例，其数据点最少超过 10000 个，每个数据点约有 20 字节，则在内存中至少要开辟 200KB 的存储空间，同时每秒记录一次历史数据，假设不考虑压缩技术，则一天（24h）就要永久性地记录 17.28GB 的历史数据，而一般火电厂要求至少存储 2 台机组 5 年的数据，即超过 62TB 的历史数据。由此可见数据压缩技术是必不可少的。

（4）实时数据库的历史数据查询频率相对来说较低，但是每次查询的数据量却可能非常大。例如，火电机组进行事故分析时，常常要同时调用过去一段时间的多条历史曲线；假设调用 30 天的 8 条曲线，如果不使用数据压缩技术，则要求一次调用超过 400MB 的数据，事故分析一般时间紧迫，因此这种数据调用时间应该在 1min 内甚至几秒钟内完成。

（5）通用数据库结构复杂，其来源于用户针对不同类型的实体自定义的各种表结构，因此千变万化，甚至包括大文本、图像、声音等特殊结构。相比较而言，实时数据库的数据结构却非常简单，主要由时间戳、索引、量值三个简单变量构成。因此，实时数据库的操作可以实现快速定位、批量操作、批量压缩。

3. 网络通信技术

网络是云计算的核心承载平台，无论是云服务的构建、云服务的备份，还是云服务的推送均离不开网络。网络健壮与否直接影响租户业务的连续，网络安全与否直接影响租户业务的信息安全，网络传输质量的好坏直接影响用户的使用效果。

在云计算系统架构内，根据网络互联功能的差异，可以将云计算网络分为以下三个层次。

（1）云内互联：主要用于云数据中心内服务器、存储基础信息技术资源间的互联，完成计算，构建存储资源池，满足云运营管理平台通过网络实现各资源的编排、调度与交付。此外还需要根据各租户、各业务系统的不同互访需求，实现网络层的资源隔离与安全访问控制。

（2）云间互联：主要用于多个云数据中心间的横向互联。实现多个资源池的横向整合，同时满足云运营管理平台实现跨数据中心资源的编排、调度、迁移、集群等。

（3）云端互联：主要用于云数据中心与用户终端间的纵向互联。实现云服务的推送、呈现，满足用户对云计算资源的使用与管理。例如，物联网网关接入技术采用物联网网关设备将多种接入手段整合起来，统一互联到云端的接入网络，实现感知网络和基础网络之间的协议转换。它可满足局部区域短距离通信的接入需求，实现与公共网络的连接。同时完成转发、控制、信令交换和编解码等功能。物联网网关在未来的云计算与物联网融合过程中将会扮演非常重要的角色，它将成为连接感知网络与互联网的纽带。

在云计算环境下，这三个层面的互联网络与传统网络技术相比，存在较大的差异。传统的技术与设备面临着新的挑战。其中，云内互联网络是云计算网络的核心，也是近年来新技术、新标准创新最为密集的地方。与传统数据中心网络相比，云计算数据中心内部互联网络面临着如下挑战。

（1）从物理服务器互联到虚拟机的互联。随着服务器虚拟化的大规模部署，网络中的业务流量和服务器主机表项会有 10～20 倍的增长。这对网络设备的性能和表项规格提出了更高的要求。

服务器虚拟化之后如何进行网络对接，如何在网络层实现对虚拟机的管理与控制将是云计算环境下网络互联技术面临的新问题。

（2）从小规模二层网络到大规模二层网络互联。云计算环境下，计算、存储资源通常以资源池的方式构建。池内虚拟机迁移与集群是两种典型的应用模型，这两种模型均需要二层网络的支持。随着云计算资源池的不断扩大，二层网络的范围正在逐步扩大。

（3）从静态实体安全到动态虚拟安全。云计算将 IT 资源进行虚拟化和池化，这些资源将以服务的形式动态地分配给租户使用。对于云计算网络层的安全防护，需要解决以下两个问题：

①位于同一物理服务器内的多个不同虚拟机之间的流量安全防护，此类流量有部分是直接通过虚拟交换机进行交互的，部署在外部网络层的防火墙策略将无法实现安全防护。

②随着云计算中心内新租户的上线和业务变更，传统静态的防火墙部署方式已经不能满足，需要将防火墙也进行虚拟化并交付给租户使用。

（4）从孤立管理到智能联动管理。为保证网络、安全资源能够被云计算运营平台良好的调度与管理，要求网络及安全设备、管理平台提供开放的 API，云计算管理平台能够通过 API 实现对网络资源的调度及管理。随着虚拟化技术的应用，网络和服务器的边界变得模糊，还引发了新的问题，即网络及计算资源的协同调度问题。在创建虚拟机或虚拟机迁移时，虚拟主机正常运行，不仅需要服务器上的资源合理调度，网络连接的合理调度也是必需的。打通网络、计算之间的隔阂，实现资源的融合管理和智能调度，将是实现云数据中心基于业务调度并最终实现自动化的关键。

7.4　基于 Unity3D 的制造过程仿真系统

7.4.1　Unity3D 简介

Unity3D 是由 Unity Technologies 开发的一个让用户轻松创建如三维视景仿真、建筑可视化、实时三维动画等类型互动内容的多平台的综合型虚拟现实开发工具，是一个全面整合的专业虚拟现实引擎。

Unity3D 软件针对不同的实际状况进行场景创建，根据用户的要求对创建的场景加以调节。Unity3D 软件具有较为便利的物理引擎系统，以便对现实世界中的重力环境进行仿真模拟。Unity3D 软件的最大特点是利用 NVIDIA 专业的物理引擎、高性能的灯光照明设备、高仿真的粒子运动系统、3A 图像渲染引擎、强大的地形编辑器、高效率的路径使用功能，以及场景调用预设 prefab 设备等先进的虚拟技术为模拟实验提供便利。

在 Unity3D 的开发过程中，直接调用所见即所得的视景转化功能，包括系统自身所具有的物体系统、粒子系统、强大的地形建模系统，以及面向对象的场景建模技术和图像渲染功能，高效的编辑系统使得虚拟驾驶的视景仿真过程得以直接调用。不仅如此，该调用还具有无限循环的功能，大大提高了开发的高效性和实用性，在虚拟驾驶系统的开发方面，相对于 Virtools、Vega、3Dcreate 等具有十分明显的优势。

Unity3D 最初的设计不是用于创建虚拟现实世界的，但是由于其创建场景对开发人员的要求起点比较低，而且可以实现所见即所得的功能，Unity3D 成为近来最热的虚拟情景开发平台。Unity3D 构建虚拟世界的优势如下所示。

（1）多平台发布。

Unity3D 支持多种发布平台，是目前 Unity3D 被广泛用作开发游戏的一个重要原因，可以满足绝大部分项目需求。早期的引擎，多以 PC 为主。最多支持 Windows、XBOX、PS2。由于 Unity3D 简单的多平台发布属性，越来越多的游戏开发者开始热衷于这款游戏引擎。

（2）所见即所得。

这可以说是许多人最喜欢的特性，Unity3D 最大的特点就是可以让开发者能够实时地观察到所开发场景的效果。开发者可以很方便地进行场景的预览。

（3）代码驱动的开发模式。

Unity3D 的这种开发模式，对于开发者而言是一个很大的举措。可以轻而易举地创建物体。对于 Unity3D 中的 MonoBehaviour 来说，它扮演的就是如何驱动它的目标对象。因此，人们能够为一个物体添加不同的功能以实现不同的效果。

7.4.2　基于 Unity3D 生产线实时仿真

目前，Unity3D 在工业领域的应用包括：以展示和教学为目的的工业过程可视化、基于 AR 技术的虚拟装配系统以及面向制造过程的实时三维仿真。其中制造过程仿真通过构建生产车间的数字孪生体，实现对制造过程的实时监控、异常预警、数据追溯以及数据挖掘，进一步地提高制造企业的异常响应能力和实时监管水平，系统架构图如图 7.8 所示。

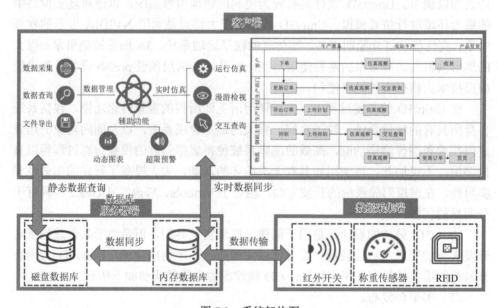

图 7.8　系统架构图

系统一般选用 C/S 架构，包含数据采集端、数据库服务器端和客户端。其中数据采集端面向企业车间级的实时生产数据，为实时仿真和数据分析业务提供数据来源；数据库服务器端负责实时数据的传输以及持久化；客户端是客户需求功能的载体，包含数据管理、实时仿真和辅助功能三个功能模块，用户可以按照既定的权限参与生产管理的各个流程。

1. 场景定义

场景建模是进行过程仿真的基础，主要流程包括：几何建模、物理建模。

几何建模中三维模型建立的方法主要包括：建模软件建模、扫描设备建模和利用图像建模，其中最主流的方式是建模软件建模。Unity3D 没有自带的建模功能，其支持的格式主要是动画、游戏行业的常用格式，机械建模软件导出的模型，一般需要经过 3ds MAX 的前处理和格式转换，才能导入 Unity3D 资源文件夹内。

物理建模可以通过 Unity3D 的参数化组件进行设置，也可以针对物体的物理特性进行二次开发。利用刚体组件（rigid body）和碰撞器组件（collider）为模型添加物理定义和碰撞检测响应机制。其中，物理定义包含重力、弹性、摩擦系数等，模型的物理特性直接决定了模型的运行特性；碰撞检测方面，根据检测的精度需求和响应方式，可以添加不同类型的包围盒，实现碰撞检测和运行触发。

工业场景中的运动定义可分为刚体运动定义和柔性体运动定义。针对复杂的刚体运动，如工业六轴机器人，Unity3D 通过建立模型树、确定部件之间的父子关系来设定部件的运动继承关系；柔性运动定义需要对模型进行骨骼绑定和动作定义，一般使用外部动画软件完成，再导入 Unity3D 里，利用动画机（animator）和时间轴（timeline）混合独立片段，并绑定触发事件。

2. 内存数据库技术实现

工业实时数据流的特点是数据量大，更新频次高，同时要求历史生产数据的溯源及管理。采用主从数据结构，以磁盘数据库作为主数据库，存储历史生产数据；以内存数据库作为从数据库，管理实时生产数据，既利用了内存数据库应对高并发读写的优势，又解决了内存数据库数据断电丢失的问题。

构建主从数据库的核心问题是主从数据库的同步和读写速度的提升。数据同步利用主从赋值原理，将内存数据库伪装成数据库的从库，发送协议，利用数据库自身的机制来实现数据同步，当数据库读写压力不大时，还可以利用关系数据库的触发器来自动更新从库中的数据。读写速度的提升可以通过创建线程池、优化网络延迟来实现。设计线程池参数配置机制，减少创建线程的开销，实现表与表间的并发，提高数据读写速度；使用批量操作命令、服务器端脚本订制功能，从降低网络延迟的角度提高数据访问速度。

3. 拟真渲染技术实现

产线上设备众多、机构运动复杂多变，给虚拟产线的实时渲染带来了较大的计算压力。工业仿真在建模阶段往往采用工程软件，生成的模型精度高但也保留了多余的细节。为了提高实时渲染的帧率，增强画面流畅度，首先需要对场景数模进行模型简化，减少模型网格数目。多层次细节（level of detail，LOD）技术也适用于大型场景渲染，根据模型距离观察点的远近加载不同精细程度的模型，从减少网格数量的角度提升渲染效果。

拟真度提高方面，针对工业场景中的非均质物料，采取光滑模型配合纹理贴图的形式进行拟真；加工过程中的飞屑、粉尘，利用粒子群模型，表现拟真对象的运动特性；对于流动的液体，参照水面渲染的原理，综合分析液体的反射、折射和流动特点，参照 N-S 方程描述流体的运动。

4. 多终端交互技术实现

针对移动端应用的开发，主流的三维引擎平台如 Unity3D、UE4 为开发者提供了跨平台发布的功能，大大简化了多平台系统的开发流程；目前市面上的 VR 眼镜种类繁多、质量参差不齐，长时间使用易出现眩晕感，总的来说硬件的成熟度还不足以支撑 VR 端的大规模应用；体感交互设备主要应用在体感游戏领域，通过识别使用者的肢体动作、手势、表情来完成对系统的输入，常用的 Kinect、Leap Motion 等设备，拥有丰富的第三方插件和成熟的开发社区，为开发者提供了良好的开发生态。

第8章 飞机智能化自动制孔系统

在航空产品生产制造过程中，飞机装配是整个飞机制造的龙头。飞机装配是将众多飞机零部件产品按照生产技术要求，进行尺寸间的协调与配合从而组合形成更高级别装配件的过程。飞机装配技术的优劣很大程度上决定了飞机的安全性能、生产成本、研制周期以及最终质量。目前飞机装配过程中的制孔工作大多是通过人工完成的，这种手动制孔的方式容易形成制孔缺陷，孔位精度差，对工人的技术能力和操作熟练度有很高的要求。随着飞机数字化自动化装配技术的发展，业内出现了适用于产品批量装配的大型自动化装配系统和具备轻量化与柔性化特征的轻型自动化装配系统。

基于工业机器人的柔性制孔系统受限于关节串联的形式，机器人定位精度不足，需要具备精度补偿机制才能用于飞机自动化装配。基于柔性化导轨的自动制孔系统，需要专用轨道铺放工装才能进行装配作业，对飞机的开敞性要求较高。采用自主移动机构的自动制孔系统是飞机轻型自动化装配系统的新尝试，具有自主移动、安装方便等特点，相较于人工制孔，较好地解决了制孔质量问题，同时提高了工作效率。

基于自主移动机构的爬行机器人制孔系统要实现精准制孔，需要采用数字化设计制造技术、柔性工装技术、精密测量技术、误差分析和精度补偿技术、工艺参数优化技术、离线编程与仿真技术等，实时采集传感器的数据，协调规划加工路径，实现智能化生产。由于国外先进航空装备制造商对我国实行严格的技术封锁，我国航空制造装备必须立足自主开发、自主研制智能化的飞机自动制孔系统，才可实现飞机的高效率、高精度的协调装配，这对我国具有重要的战略意义。

8.1 飞机智能化制孔系统研制背景

空客与 M-Torres、Serra 公司合作率先推出了一种采用多足并联的自主移动机构，结合制孔末端执行器进行自动制孔的轻型自动制孔系统。它通过真空吸盘固定于飞机表面，运用并联机构的高精度和高刚度，辅以智能系统自主移动和智能定位的特点，结合具体工艺要求的末端执行器。轻型移动式自动制孔系统具有系统集成小巧、重量轻、设备安装简单和成本低等优点，目前西班牙 M-Torres 公司、

Serra 公司等设备制造商研发的 FDH、SAMPA 轻型移动式自动制孔系统已应用于空客 A380 的实际生产中，如图 8.1 所示。

(a) M-Torres公司制孔系统　　(b) Serra公司制孔系统　　(c) Alema公司制孔系统

图 8.1　国外轻型移动式自动制孔系统

近年来，国内航空企业和相关院校也开展了相关技术的研究。南京航空航天大学、北京航空航天大学、上海飞机制造有限公司于 2012 年联合研制了一套自主移动制孔系统，如图 8.2（a）所示。上海交通大学研发了仿生式六腿五坐标定位调姿并联制孔系统，如图 8.2（b）所示。

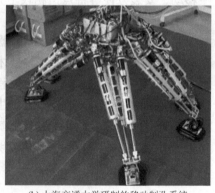

(a) 南京航空航天大学等单位联合研制的移动制孔系统　　(b) 上海交通大学研制的移动制孔系统

图 8.2　国内轻型移动式自动制孔系统

轻型移动式自动制孔系统可以分为以下几种类型。

（1）双框八腿五坐标定位调姿并联制孔系统。双框八腿五坐标定位调姿并联制孔系统采用内外框交替移动进行爬行，八腿联动升降进行 X 向、Y 向、Z 向、A 角、B 角五坐标调姿定位，然后用末端执行器进行制孔。这种结构具有柔性好、调姿定位准确、冗余轴数较少、调整方便、制孔时八腿形成并联机构刚性较好、便于避开飞机表面障碍（型架）等优点。M-Torres 公司研制的系统（图 8.1（a））和南京航空航天大学等单位联合研制的移动制孔系统（图 8.2（a））均采用该结构。其中 M-Torres 公司产品采用 12 个定位调姿轴，加上末端执行器主轴，共 13 个运动轴。而南京航空航天大学等单位研制的系统采用 12 个定位调姿轴，加上末端执行器 Z 向进给轴和主轴，共 14 个运动轴。

（2）双框八腿五坐标定位调姿混联制孔系统。双框八腿五坐标定位调姿混联制孔系统也采用内外框交替移动进行爬行，实现 X 向、Y 向、Z 向运动，但是 A 角、B 角是通过串联的摆动机构实现的。这种结构同样具有柔性好、调姿定位准确、调整方便的优点，但与并联结构比，刚性稍差，冗余轴数较多，重量较大。Serra 公司的产品（图 8.1（b））采用这种结构，该系统采用 14 个定位调姿轴，加上末端执行器 Z 向进给轴和主轴，共 16 个运动轴。

（3）仿生式六腿五坐标定位调姿并联制孔系统。仿生式六腿五坐标定位调姿并联制孔系统采用一种 6 支链 Stewart 结构和 3 支链腿部结构组合的结构形式，该结构具有运动范围大、机构灵活等优点，但也有控制复杂，结构重量较大，制孔平台离制孔表面较远的弱点。该系统具有 18 个定位调姿轴，加上制孔主轴，共 19 个运动轴。

（4）其他移动制孔系统。Alema 公司的产品（图 8.1（c））是一种针对特定机型定制的移动制孔系统，可实现 X 向、Y 向、Z 向三坐标运动，移动机构和产品曲率保持一致，不需要调整角度。该方案柔性较差，削弱了轻型移动式制孔系统的优势。

8.2 飞机智能化制孔系统的总体方案

轻型移动式自动制孔系统应用于飞机装配时，要实现环向位移移动（记为前进 x 方向），在此阶段机构无须额外的不可控转动自由度，尤其不能有自由转动自由度；到达工位后，通过侧滚（A 角摆动）、俯仰（B 角摆动）调姿到达制孔法矢，再由末端执行器实现 X 方向、Y 方向、Z 方向的制孔移动，共 5 个自由度运动。这决定了轻型移动式自动制孔系统需要自主爬行和调姿制孔两种不同功能阶段的相互切换，尤其在自由度方面调姿时需要整体的五自由度。自主移动机器人主要应用于机身蒙皮的制孔，所以需要具备以下几方面的特殊性：

（1）需要在一定曲率的蒙皮上工作且蒙皮承载能力有限，自主移动机构必须重量轻；

（2）需要满足 360°环向工况，存在垂直工况甚至倒吊工况，在该类工况下，仿生式吸附难以承载，电磁式吸附在铝合金为主的机身上实现烦琐，真空吸盘的吸附形式可以胜任；

（3）负载相对较大，工作时制孔力、压紧力等载荷叠加，考虑末端执行器的自重，需要移动机构具有高刚度和高承载能力；

（4）精度要求较高，一般孔定位精度为±0.2mm，法向制孔垂直度为±0.5°，孔径精度为±0.02mm，孔壁粗糙度为 Ra1.6，锪窝深度精度为 0.05mm；

（5）自动制孔效率要求高，需达到 6 个/min 以上，这对机构运行的动作规划与联动算法控制提出了要求；

（6）自主移动机构要具有自主行走与调姿制孔两种功能的切换能力。

8.2.1　总体设计思想

结合飞机自动化装配的具体工艺要求，确定自主移动式制孔系统的功能与性能指标，应用机构运动学分析理论，进行自主移动式制孔系统机构分析。对自主移动式制孔系统进行结构详细设计；基于 CATIA 平台，建立自主移动式制孔系统的 3D 模型，对结构进行有限元仿真分析与优化，运用 MATLAB 和 ADAMS 联合建立系统虚拟样机模型，进行系统的运动学与动力学仿真分析，导出二维工程图纸，进行加工装配，再联合控制系统进行整体调试，如图 8.3 所示。

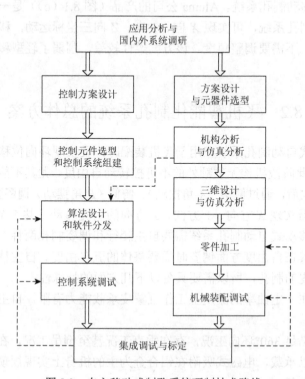

图 8.3　自主移动式制孔系统研制技术路线

8.2.2　运动步态确定

移动式机器人（也称为爬行机器人）的运动步态主要有腿布局型、轮式驱动型、履带式类型、轨道式类型、电缆驱动型、跳跃式类型和组合型等。

在自动化飞机装配过程中，自主移动式制孔系统主要应用在机身大筒件的对接装配中，需沿着飞机蒙皮进行环形运动，在此过程中自主移动式制孔系统会经历垂直和倒挂，限制了运动形式的选择。传统的轮式驱动型运动形式，一般仅适合同一水平区域内使用，不适合这种环形运动中承载载荷尤其是方向发生巨大变化的情况；履带式类型的驱动形式，由于飞机蒙皮是铝合金薄壁件，电磁吸附无法实现，履带式移动机构本体的法矢调整能力较弱，需要对末端制孔执行器给予额外的调整机构，增大了整体系统的机构复杂性；电缆驱动形式和跳跃式类型在实际应用中明显不能胜任。根据分析可知，腿布局形式与轨道式布局形式是较好的解决方案，如图 8.4 所示。

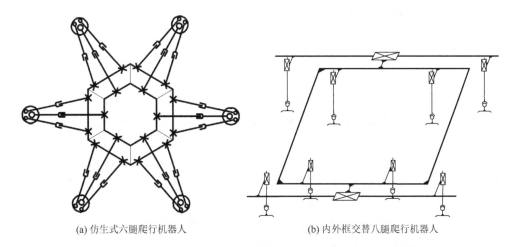

(a) 仿生式六腿爬行机器人　　　　　　　　(b) 内外框交替八腿爬行机器人

图 8.4　两种腿步态的爬行机器人

柔性轨道制孔系统采用轨道式的布局形式，但在使用过程中有以下不足之处：

（1）轨道式制孔系统的法矢调整需要内部末端执行器的额外机构来实现；

（2）轨道吸附铺设过程耗时耗力，影响了整体工作效率；

（3）由于采用同步的双轨道形式，对于双曲率蒙皮的应用可靠性比较低。

自主移动式制孔系统采用腿布局形式，可通过吸盘等形式吸附于蒙皮表面，具有以下特点：

（1）能适应双曲率等复杂的飞机蒙皮外表面；

（2）移动机构可结合应用需求进行设计，自主灵活性较强；

（3）多自由度或变自由度的并联机器人结构设计与运动控制相对复杂。

根据飞机机身对接的自主移动式制孔系统的实际需求，采用腿布局形式较为合理，可采用仿生式爬行和内外框交替移动等不同形式进行。

仿生式的六腿爬行方式由于其需要至少 18 个电机驱动，实现整个平台平稳 Z 向运动制孔需要复杂插值运算且精度不高；而内外框交替八腿爬行式的运动形式，只需 10 个电机驱动即可实现环形爬行动作，且内外交替形式和下蹲制孔运动算法实现较为简单。

8.3　自主移动机构方案设计

8.3.1　基于机构拓扑学的自主移动机构方案设计

机构拓扑学以方位特征为基础对机构进行构建与创新，机构创新设计包括机构拓扑结构创新设计、运动学创新设计和动力学创新设计三个层次，其中机构拓扑结构创新设计对机构原始创新具有决定性作用。

机构拓扑学中方位特征是任意机构构件 i 相对于 j 的方位特征 POC 集：

$$M = \begin{bmatrix} t_1^1(\text{dir.}) \bigcup t_2^1(\text{dir.}) \bigcup t_3^1(\text{dir.}) \\ r_1^1(\text{dir.}) \bigcup r_2^1(\text{dir.}) \bigcup r_3^1(\text{dir.}) \end{bmatrix} \tag{8.1}$$

式中，M 为构件 i 相对于构件 j 的 POC 集；$t_k^1(\text{dir.})(k=1,2,3)$ 为构件 i 的基点 O' 存在的第 k 个移动元素的方位特征；$r_k^1(\text{dir.})(k=1,2,3)$ 为构件 i 存在的第 k 个转动元素的方位特征。M 包含构件 i 的所有位移元素的存在及其方位特征，且每个位移元素的方位特征为 POC 集的元素。POC 集元素仅表示构件位移的存在性及其方位特征，并非构件的真实位移。

系统机构设计的主要点是保证机构在调姿运动时仅有 1 个 Z 向移动和两个绕 X 向与 Y 向的摆动自由度。机构拓扑结构分析如下所示。

该机构的目标 POC 集：

$$M_{P_a} = \begin{bmatrix} t^1 \\ t^2 \end{bmatrix} \tag{8.2}$$

根据经验与借鉴我们设计了三个支路拓扑结构。

支路 1：$SOC_1\{-S_1 - P_1 -\}$。

支路 2：$SOC_2\{-S_2 - P_{20} \perp P_2 -\}$。

支路 3、支路 4、支路 5、支路 6、支路 7、支路 8：$SOC_i\{-S_i - R_{i1} \| R_{i2} | P_i -\}$。

确定各支路在平台装配中的几何条件。

根据并联机构方位特征方程

$$M_{P_a} = \bigcap_{j=1}^{v+1} M_{b_j} \tag{8.3}$$

式中，M_{P_a} 为并联机构动平台的 POC 集，其独立元素不大于结构自由度（degree of freedom，DOF）；M_{b_j} 为当其他支路不在时，第 j 条 SOC 支路末端构件的 POC 集（所有支路的 POC 集对应动平台的同一个基点 O'）。

1. 确定支路末端构件的 POC 集

串联机构的方位特征方程：

$$M_s = \bigcup_{i=1}^{m} M_{J_i} = \bigcup M_{S_j} \tag{8.4}$$

式中，M_s 为末端构件的 POC 集；M_{J_i} 为第 i 个运动副的 POC 集（对应末端构件上的同一个基点 O'）；M_{S_j} 为第 j 个子 SOC 的 POC 集（对应末端构件上的同一个基点 O'），M_{S_j} 为当机构由若干个子 SOC 支链串联而成时，第 j 个子 SOC 的 POC 集（对应末端构件上的同一个基点 O'）；m 为运动副数；j 为串联的 SOC 支链数。

支路 1　$SOC_1\{-S_1 - P_1 -\}$ 末端构件的 POC 集（非独立元素未标出）为

$$M_{b1} = \begin{bmatrix} t^2(\perp \rho_{O',O_1}) \\ r^3(O_1) \end{bmatrix} \bigcup \begin{bmatrix} t^1(\| P_1) \\ r^0 \end{bmatrix} = \begin{bmatrix} t^1(\| P_1) \bigcup t^2(\perp \rho_{O',O_1}) \\ r^3(O_1) \end{bmatrix} \tag{8.5}$$

支路 1 的自由度 DOF 为 4，$\dim\{M_{b1}\} = 4$，M_{b1} 只能有 4 个独立元素，可从除 $t^1(\| P_1)$ 外的 5 个元素中任取 2 个作为非独立元素（由基点不在 S 副中心而产生）。

支路 2　$SOC_2\{-S_2 - P_{20} - P_2 -\}$ 末端构件的 POC 集（非独立元素未标出）为

$$M_{b2} = \begin{bmatrix} t^2 \perp \rho_{O',O_2} \\ r^3(O_2) \end{bmatrix} \bigcup \begin{bmatrix} t^1(\| P_2) \\ r^0 \end{bmatrix} \bigcup \begin{bmatrix} t^1(\| P_{20}) \\ r^0 \end{bmatrix} = \begin{bmatrix} t^2(\| \Diamond (P_2 P_{20}) \bigcup t^1 \perp \rho_{O',O_2} \\ r^3(O_2) \end{bmatrix} \tag{8.6}$$

支路 2 的自由度 DOF = 5，$\dim\{M_{b2}\} = 5$，M_{b2} 只能有 5 个独立元素，可从除 $t^2(\| \Diamond (P_2 P_{20}))$ 外 4 个元素中任取 1 个作为非独立元素。

支路 i　$SOC_i\{-S_i - R_{i1} \| R_{i2} | P_i -\}(i = 3,4,5,6,7,8)$ 末端构件的 POC 集为

$$M_{bi} = \begin{bmatrix} t^2 \perp \rho_{O',O_i} \\ r^3(O_i) \end{bmatrix} \bigcup \begin{bmatrix} t^1(\perp (R_{i1}, \rho_{i1})) \bigcup t^1(\perp (R_{i1}, \rho_{i2})) \\ r^1(\| R_{i1}) \end{bmatrix} \bigcup \begin{bmatrix} t^1(\| P_i) \\ r^0 \end{bmatrix} = \begin{bmatrix} t^3 \\ r^3(O_i) \end{bmatrix} \tag{8.7}$$

支路 i 的自由度 DOF = 6，$\dim\{M_{b2}\} = 6$，M_{bi} 有 6 个独立元素。

2. 建立并联机构 POC 方程

将各个支路末端构件的 POC 集代入式（8.7）中，可得

$$M_{p_a} = \begin{bmatrix} t^1 \\ r^2 \end{bmatrix} \Leftarrow \begin{bmatrix} t^1(\parallel P_1) \cup t^2(\perp \rho_{o',o_1}) \\ r^3(O_1) \end{bmatrix} \cap \begin{bmatrix} t^2(\parallel \Diamond(P_2P_{20}) \cup t^1 \perp \rho_{o',o_2} \\ r^3(O_2) \end{bmatrix} \cap \begin{bmatrix} t^3 \\ r^3(O_3) \end{bmatrix}$$

$$\cap \begin{bmatrix} t^3 \\ r^3(O_4) \end{bmatrix} \cap \begin{bmatrix} t^3 \\ r^3(O_5) \end{bmatrix} \cap \begin{bmatrix} t^3 \\ r^3(O_6) \end{bmatrix} \cap \begin{bmatrix} t^3 \\ r^3(O_7) \end{bmatrix} \cap \begin{bmatrix} t^3 \\ r^3(O_8) \end{bmatrix} \qquad (8.8)$$

式中，$\Leftarrow$ 表示支路 POC 集交运算的预定结果。

3. 确定各个支路在平台装配中的几何条件

由 POC 集交运算可知，当动平台在平行于动平台平面内存在二维转动时，定平台的法线方向不存在独立转动。为了满足功能需求，方便算法的计算，若定平台是一个平面，S_1，S_2，S_3，S_4 副共线平行于定平台，S_5，S_6，S_7，S_8 副共线也平行于定平台，并且两条直线相互平行。动平台与定平台之间通过真空吸盘吸附固定，保证了 S 副在定平台内固定不动，各 P 副均垂直于动平台，且相互平行。各支路中的 P 副与 S 副之间的相对位置均相同。

除了满足以上的功能需求，要使动平台在定平台的法线方向内不存在独立转动，则必须满足 P_{20} 副在 P_2 副与 P_1 副组成的平面内。这时，式（8.8）可记为

$$M_{p_a} = \begin{bmatrix} t^1 \\ r^2 \end{bmatrix} \Leftarrow \begin{bmatrix} t^1(\parallel P_1) \cap t^2[\parallel \Diamond(P_2P_{20}) \cap t^3 \cap t^3 \cap t^3 \cap t^3 \cap t^3 \\ r^2(\parallel \Diamond(O_1,O_2,O_6)] \end{bmatrix} \qquad (8.9)$$

但 POC 集的运算还受到机构自由度约束，需要检验机构自由度是否满足调姿时 DOF = 3 的设计要求。根据双框八腿五坐标定位调姿并联制孔系统的布局，并且结合飞机装配的末端执行器，可得到自主移动式制孔系统结构设计如图 8.5 所示。

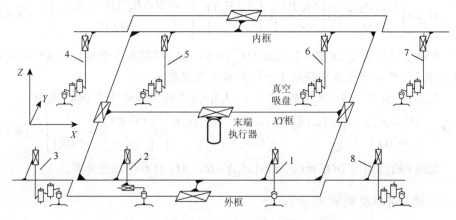

图 8.5　基于机构拓扑学的自主移动式制孔系统结构设计

机器人由末端执行器、XY 框、内框、外框以及与其相连的八腿组成。图 8.5 中标注的八腿是机器人的八条支链。为方便后续分析，以固定足为第一支链，顺时针排序。飞机蒙皮具有一定曲率，为保证吸附稳定性，各支链均通过真空吸盘吸附固定于机身上。支链 1 包含连接内框的 Z 向移动副和连接吸盘的球铰，记作 SOC$\{-S-P-\}$（SOC 表示支链、S 表示球副、P 表示移动副，以下表示相同含义）；支链 2 包含连接内框的 Z 向移动副、X 向移动副和连接吸盘的球铰，记作 SOC$\{-S-P\perp P-\}$；支链 3 包含连接内框的 Z 向移动副、绕 Z 轴的 R_1 转动副、绕 Z 轴的 R_2 转动副和连接吸盘的球铰，记作 SOC$\{-S-R\|R|P-\}$（$\|$ 表示平行于、$|$ 表示重合于、R 表示转动副）；支链 3、4、5、6、7、8 结构相同，其中 $\{-R\|R-\}$ 为双偏心结构。制孔末端执行器通过一个 X 向移动运动副与 XY 框相连，XY 框通过一个 Y 向移动运动副与内框相连，足 1、2、5、6 固连于内框构成内框架，足 3、4、7、8 固连于外框构成外框架，内框架与外框架通过两个平行的 X 向移动副相连，各支链通过 Z 向移动副与框相连且垂直，保证了系统整体刚性和稳定性。

8.3.2　调姿功能阶段运动学反解

机构运动学求解既是自主移动式制孔系统调姿运动算法的基础，也是机构尺寸设计的依据。根据螺旋理论与基于方位特征的机构拓扑自由度分析，得到机构在法向调姿制孔功能阶段的自由度为 3 个自由度：Z 方向的一个移动和 A、B 摆两个转动。要实现自主移动式制孔系统在调姿制孔功能阶段的调姿动作控制，必须要得到调姿的控制算法，并且是关于八腿联动的控制算法。

下面用运动学逆向解析对自主移动式制孔系统的调姿制孔功能阶段进行运动学求解。

令足 $i(i=1,2,\cdots,8)$ 上的球副位置为 $S_i(i=1,2,\cdots,8)$，其足上移动副位置为 $P_i(i=1,2,\cdots,8)$。建立如图 8.6 所示的全局坐标系：$O_b\text{-}x_b y_b z_b$，S_1 中心为原点 O_b，x_b 沿着初始状态下 $P_2 P_1$ 方向，y_b 沿着初始状态下 $P_1 P_6$ 方向（初始时 $P_1 P_6 \cdot P_2 P_1 = 0$），$z_b$ 由右手坐标系确定。动坐标系：$O_m\text{-}x_m y_m z_m$，固定在机构动平台上，原点 O_m 在 P_1 上，z_m 与足升降副平行，x_m 平行于 $P_2 P_1$ 方向。调姿运动前动定坐标系相互平行。

根据机器人坐标系变换理论，本机构调姿运动定义为由初始状态 $n_0 = (0,0,1)^{\mathrm{T}}$ 先绕 x_m 轴旋转 ϕ_x，后绕 y_m 轴旋转 ϕ_y，满足了调姿后足 2 仅有一个 x_m 向偏移。本机构运动学反解即求在到达期望位姿（ϕ_x，ϕ_y）、制孔期望法矢 $n = (l,m,n)^{\mathrm{T}}$ 时的八腿升降的位移量为 Δl_i，以及调姿造成的各足 x_m、y_m 向偏移量，同时给出了调姿后的刀具偏移补偿量。

由空间坐标系 A、B 角旋转变化，计算得到动坐标系 O_m 与定坐标系 O_b 的坐标转换矩阵 R_{bm}，如式（8.10）所示。此矩阵是正交矩阵，故 $R_{bm}^{-1} = R_{bm}^{\mathrm{T}}$。

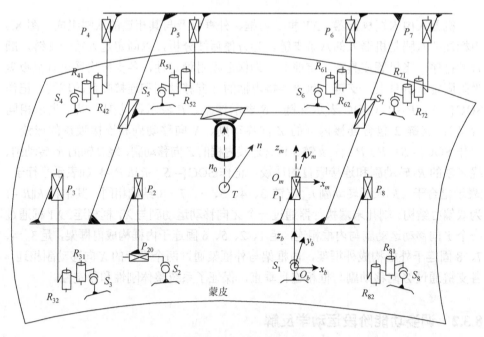

图 8.6　法向调姿制孔功能阶段简图

$$R_{bm} = R_{(x_m,\phi_x)}R_{(y_m,\phi_y)}$$

$$= \begin{pmatrix} \cos(x_bx_m) & \cos(x_by_m) & \cos(x_bz_m) \\ \cos(y_bx_m) & \cos(y_by_m) & \cos(y_bz_m) \\ \cos(z_bx_m) & \cos(z_by_m) & \cos(z_bz_m) \end{pmatrix}$$

$$= \begin{pmatrix} \cos\phi_y & 0 & \sin\phi_y \\ \sin\phi_x\sin\phi_y & \cos\phi_x & -\sin\phi_x\cos\phi_y \\ -\cos\phi_x\sin\phi_y & \sin\phi_x & \cos\phi_x\cos\phi_y \end{pmatrix} \tag{8.10}$$

式中，$(\sin\phi_y, -\sin\phi_x\cos\phi_y, \cos\phi_x\cos\phi_y)^{\mathrm{T}} = (l, m, n)^{\mathrm{T}}$。由此解出 ϕ_x，ϕ_y，进而得到转换矩阵 R_{bm}。

足 1 为固定足，调姿时一般不升降。由机构参数可知，坐标系旋转变化后，坐标系平移了

$$O_bO_m = (0,0,h)^{\mathrm{T}} \tag{8.11}$$

在本机构上取任一点 D，其在定坐标系中的坐标矢量 D_b 和在动坐标系的坐标矢量 D_m，通过动定平台之间的坐标转化，有如下关系：

$$D_b = R_{bm}(D_m + O_bO_m) \tag{8.12}$$

左右同乘 R_{bm}^{-1}，得

$$D_m = R_{bm}^{\mathrm{T}}D_b - O_bO_m \tag{8.13}$$

设点 S_i 在定坐标系 O_b 和动坐标系 O_m 的坐标分别为 $S_{ib} = (x_{sib}, y_{sib}, z_{sib})^T$（该坐标根据实际工况与机构参数可知）和 $S_{im} = (x_{sim}, y_{sim}, z_{sim})^T$

$$S_{im} = R_{bm}{}^T S_{ib} - O_b O_m \tag{8.14}$$

$$S_{im} - S_{1m} = R_{bm}{}^T (S_{ib} - S_{1b}) \tag{8.15}$$

$$S_{im} = R_{bm}{}^T (S_{ib} - S_{1b}) + S_{1m} \tag{8.16}$$

调姿前 S_i 在 $O_m\text{-}x_m y_m z_m$ 坐标 S_{im0} 为

$$S_{im0} = S_{ib} - O_b O_m = S_{ib} - (0, 0, h)^T \tag{8.17}$$

将 $S_{1b} = (0, 0, 0)^T$；$S_{1m} = (0, 0, -h)^T$ 代入式（8.16），可得调姿前后各足偏移量为

$$\Delta S_{im} = S_{im} - S_{im0} = R_{bm}{}^T S_{ib} - S_{ib} \tag{8.18}$$

解得调姿后各足在 x、y 两个方向的偏移量为

$$\begin{cases} \Delta x_{pim} = x_{sib} \cos\phi_y + y_{sib} \sin\phi_x \sin\phi_y - z_{sib} \cos\phi_x \sin\phi_y - x_{sib} \\ \Delta y_{pim} = y_{sib} \cos\phi_x + z_{sib} \sin\phi_x - y_{sib} \end{cases} \tag{8.19}$$

各足的驱动量为

$$\begin{aligned} \Delta l_i &= \Delta z_{pim} \\ &= x_{sib} \sin\phi_y - y_{sib} \sin\phi_x \cos\phi_y + z_{sib} \cos\phi_x \cos\phi_y - z_{sib} \end{aligned} \tag{8.20}$$

式（8.20）中 Δl_i 为机构到达位姿（ϕ_x，ϕ_y），即目标法矢 n 时各足驱动量，其正值表示伸长，负值表示缩短。同理，可得调姿后刀具点的偏移补偿量：

$$\begin{cases} \Delta x_{Tm} = x_{Tb} \cos\phi_y + y_{Tb} \sin\phi_x \sin\phi_y - z_{Tb} \cos\phi_x \sin\phi_y - x_{Tb} \\ \Delta y_{Tm} = y_{Tb} \cos\phi_x + z_{Tb} \sin\phi_x - y_{Tb} \\ \Delta z_{Tm} = x_{Tb} \sin\phi_y - y_{Tb} \sin\phi_x \cos\phi_y + z_{Tb} \cos\phi_x \cos\phi_y - z_{Tb} \end{cases} \tag{8.21}$$

调整法向后，根据式（8.21）的计算结果，依靠 XY 框的 x 向和 y 向运动机构调整相应的 Δx_{Tm}、Δy_{Tm} 偏移值，依靠八条腿同步调整 z 向来调整 Δz_{Tm} 偏移值，从而实现调姿后刀具点不变。

8.4　自主移动机构的结构设计

8.4.1　自主移动机构主体结构设计

自主移动机构的结构设计主要包含两个外框、一个内框和一个 XY 框。机构主体结构中两个外框独立依附于内框上，通过两组外框各自的伺服驱动导轨实现前进与后退的步行动作。机构框架之间的传动采用了直线传动中常见的滚珠丝杠传动，滚珠丝杠的传动具有传动平稳、定位精度高、重复定位精度高等优点。但是其不具有自锁功能，故在滚珠丝杠的传动设计中，常常需要采用带缓冲橡胶的限位块进行保护。机构采用伺服电机作为驱动元，运用十字联轴器传动到滚珠丝杠，丝杠螺母

固定了传动连接片，从而带动从动框的运动。而因滚珠丝杆仅限传动，其无法进行重载荷的承载，否则会使滚珠丝杆产生挠度变形，从而影响传动的精度。

图 8.7 和图 8.8 是机构的左外框与右外框。伺服电机驱动滚珠丝杆，滚珠丝杆连接片连接到内框，内框在外框 X 向导轨的导向下，实现内外框交替地前进与后退动作，从而实现行走功能，在外框设计中，导轨安装于外框架上的精加工平面上，电机与丝杆也通过垫块或者电机座连接到精加工平面，这样在一定程度上保证了整体的装配精度。每个外框都会与两个外腿进行连接，故外框两端有两个腿部安装的定位面，其在与腿部连接时，采用了定位销进行定位，同时通过螺钉固定锁紧连接，保证腿部件与外框部件的装配精度。

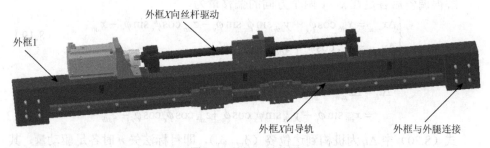

图 8.7　外框 1 结构图

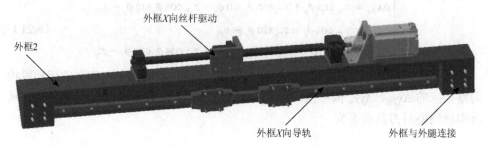

图 8.8　外框 2 结构图

在外框的结构设计中，需要在保证外框架结构强度的情况下控制尽可能低的结构质量，外框架由 6061-T6 的硬铝合金方料经五轴机床铣加工而成，在转角处都设计了加强筋，基准面按国际公差标准 GD&T[①]进行图纸规范和公差设计，如图 8.9 所示。内框是矩形的布局，内框架上的内外框连接面、内腿连接面和电机丝杆安装平面都是整体螺栓连接后再进行整体铣加工一次成形的，大大保证了加工的精度，减少了二次装配与重复装夹造成的精度误差。内框与两外框的导轨滑

_____

① 几何尺寸与公差（geometric dimensioning and tolerancing，GD&T）

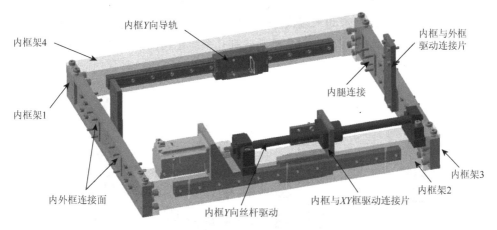

内框Y向导轨

内框架4

内框与外框
驱动连接片

内腿连接

内框架1

内框架3

内框架2

内外框连接面

内框Y向丝杆驱动

内框与XY框驱动连接片

图 8.9 内框结构图

块通过螺钉进行连接，内框与外框通过内框架 1 与内框架 3 上的连接块挂靠在外框的连接块上，同时内框连接到外框的导轨滑块上实现内外框的相对移动导向与驱动的联系。内框的驱动形式也是通过伺服电机驱动滚珠丝杆来实现的，通过内框与 XY 框的连接片连接到 XY 框，从而实现 XY 框的 Y 向移动，安装于内框架 2 和内框架 4 的导轨是 XY 框 Y 向精密运动的保证，如图 8.10 所示。

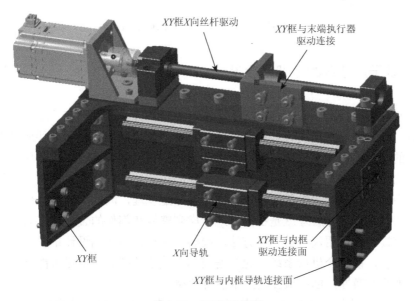

XY框X向丝杆驱动

XY框与末端执行器
驱动连接

XY框

X向导轨

XY框与内框
驱动连接面

XY框与内框导轨连接面

图 8.10 XY 框结构图

XY 框的驱动也是采用伺服电机驱动滚珠丝杆的形式实现的，其中 XY 框与末端执行器驱动连接板来带动末端执行器实现其 X 向移动。X 向导轨是保证末端执行器沿 X 向精密运动的保证。自主移动式制孔系统结构图如图 8.11 所示。

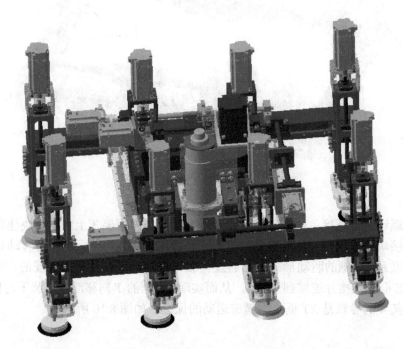

图 8.11　自主移动式制孔系统结构图

8.4.2　基于尺寸链的腿部精度设计

在整体机构设计和零部件设计中，不仅需要进行强度、刚度、运动等的分析与计算，还需要进行精度设计。零件的加工精度要求是由整机和部件所要求的精度而定的，而整机和部件的精度则是由各零件的精度来保证的，因此精度设计是机械结构设计尤其是批量化产品中至关重要的一环。一般精度设计运用到的是机械设计中的尺寸链原理进行尺寸以及误差的分配管理，因此尺寸链原理是进行精度设计的基础。尺寸管理就是在充分地考虑到整机和部件的装配精度与机床加工能力的前提下，运用尺寸链计算方法，准确、合理、经济地设计重要零件的尺寸和位置公差，使整个机械系统，尤其是成熟机械系统产品获得尽可能高的性价比和机械维修互换性，创造最佳的技术经济效益。

在尺寸管理中常用的公差分析的方法主要有两种：极值法和统计方法。极值法是以确保零件具有完全互换性为出发点，尺寸链中所有尺寸都取极大值（极小值）时取得的尺寸作为本尺寸链的最大上限值（下限值）。极值法是尺寸链计算中一直沿用的方法，但实际上尺寸公差是在公差范围内随机分布的，由极值法分析得到的公差某种程度上来说过于保守。而另一种方法是基于统计的方法，是假定各零件的公差服从随机性的正态分布，进行实际问题到数学模型的转化，最终利用整机装配公差与各零件公差之间的数学传递关系，使实际工程问题得到了模型简化，再利用一些优化方法来解决和分析统计公差的综合问题。西门子开发的基于蒙特卡罗法的尺寸分析软件 VSA 是统计方法尺寸管理软件中的代表。

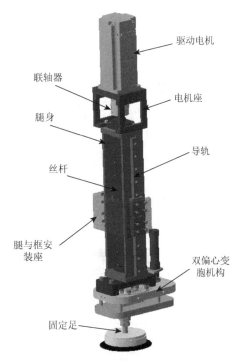

　　由于系统包含八条腿，在运动学反解中可知八条腿的初始相对位置坐标是运动学算法的基本已知条件，故对于八条腿的相对位置需要尽可能地确定并且控制好误差。由此可见八条腿从安装端到达球铰铰链中心的尺寸链是精度设计中关键控制的核心，以此要求对腿进行公差分配合理性的分析，具有对整体系统精度控制的重要意义。

　　图 8.12 是自主移动式制孔系统的腿结构，腿与内外框通过安装座相连接进行固定，腿部结构进行了改进与优化，与框体连接的安装座减小了，同时安装座与丝杆螺母进行连接，两内侧连接了导轨滑块。电机座为了节省材料进行了分块组装，电机通过联轴器驱动丝杆，腿本体利用导轨通过腿与框的安装座上下伸缩，腿下端连接了双偏心变胞机构，再连接固定足。结构详细设计完之后，运用 VSA 软

图 8.12　腿结构图

件对腿部从腿与框的安装座到足中的铰链点进行了尺寸链定义，并进行仿真分析，如图 8.13 所示。

　　图 8.13（a）为腿部尺寸链模型建立与分析。本节进行了仿真运算，测量了足部吸盘连接球铰到腿与框安装定位销孔之间的 X、Y、Z 三个方向上的位置。由仿真结果可得到重要尺寸的测量结果统计分布图，其中落在中间区域的是在定义上下限之间的样本点，落在两端区域的是超出定义上下限的样本点。另外，还可得到各零件公差贡献因子，如图 8.13（b）所示，根据这些贡献因子，可以对各零部件的公差进行更加合理的设计。

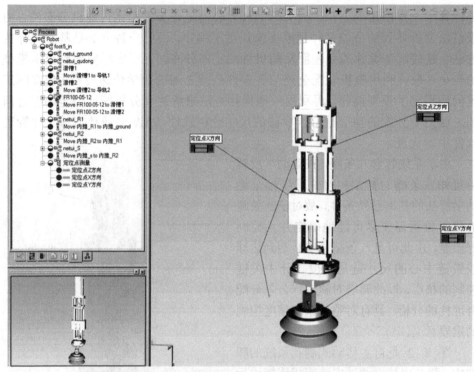

(a) 腿部尺寸链模型建立与分析

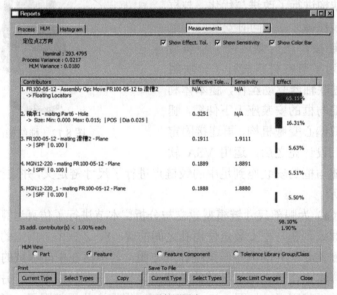

(b) 贡献因子表

图 8.13   VSA 腿部尺寸分析

8.4.3　系统气动回路设计

自主移动制孔系统除了机械结构的设计，另外需要涉及系统整个气动回路的设计。系统中需要气动执行的器件有制孔单向压紧气缸、变胞机构锁紧气缸、八腿真空吸盘等。气动回路的设计需要气压与液压传动的相关知识，在工业应用领域中，尤其是飞机装配的一般厂房都具有 8 个大气压左右的气源，即理论上的 0.8MPa 气压，通过简单的快换接头即可接入气动回路进行工作。而对于本系统中多个系统回路的设计，不仅需要高压实现气缸的运动，还需要对气动回路进行切换；同时需要运用高压产生低压的方法实现八腿的吸附。系统整体气动回路的设计，如图 8.14 所示。

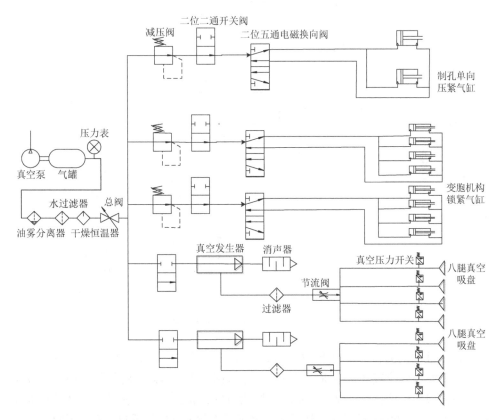

图 8.14　自主移动式制孔系统整体气动回路设计图

系统制孔单向压紧力可结合国内外实际生产设备的经验参数而定，单向压紧力定为 1000N。而系统中选用具有直线往复运动的双作用气缸来实现单向压紧技术中的压紧和收回动作，比较合理。气缸的压紧力通过压力差来提供，单个气缸压紧力的计算公式：

$$F = (P_1 - P_2) \times S = \frac{\Delta P \times \pi D^2}{4} \tag{8.22}$$

式中，ΔP 为气体压强差；D 为吸盘直径或是气缸缸径。

压紧单元气动回路较简单，高压气源通过减压阀控制出口气压从而实现对输出压紧力的控制，然后通过电磁阀打开气动回路，之后通过二位五通电磁换向阀换向控制双作用气缸进行压紧或者收缩。图8.15是压紧单元的气动回路系统，包含各个元器件和整个回路的连接方式。其中的二位五通电磁换向阀具有简单易用、安装方便、反应速度快等诸多优点。电磁阀采用24V供电驱动，采用UMAC控制器，通过简单的模拟量的输出控制继电器开合的形式进行电磁阀24V电源回路开合的控制，实现电磁阀开关的可编程控制。

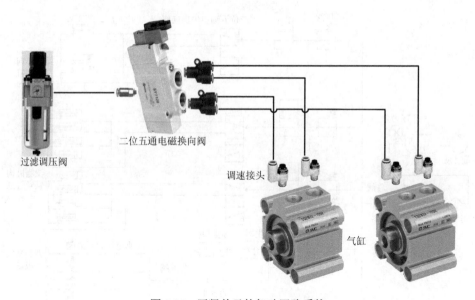

图 8.15　压紧单元的气动回路系统

自主移动机构和一般的腿式机器人不同，由于通过足上真空吸盘与产品相固定，在飞机表面任何位置（包括垂直吸附和倒吊吸附的工作状态）均能保持稳定，吸盘的面积需根据机构自重、制孔载荷和压紧力进行计算。系统中的吸盘气动吸附需要吸附整个系统 100kg 的重量，还要考虑多工况下的安全保护系数。真空吸附是靠真空发生器来实现的。真空发生器的工作原理是利用高速气流流通时在旁侧会产生一个低压的物理现象，运用三口型管，在一端口造成一定真空度从而产生低压。

图8.16为吸盘气动吸附回路样图。

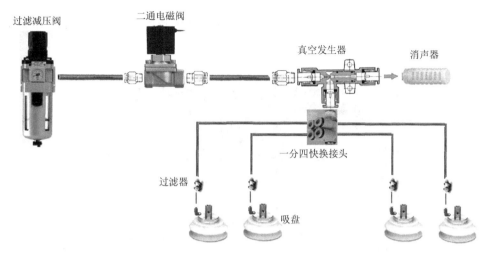

图 8.16　吸盘气动吸附回路样图

由于系统中吸附形式是内腿、外腿各四足同时吸附的工况，考虑到经济性，采用一个真空发生器同时供给四个吸盘，达到同步的目的。最终选用 SMC 的 ZH20D 真空发生器，真空度最高可达到 88kPa，计算采用一般的安全真空度 50kPa，能更好地保证安全。

8.5　智能检测系统

8.5.1　法向检测系统

飞机装配系统对制孔法矢的保证是有明确规范的。在传统的手动钻孔铆接过程中，工程师已经想出了很多简单有效的方法，如在制孔前端加装一个钻模套，在制孔时，通过工人把环形的钻模套压实蒙皮后制孔，就能保证制孔法矢的精度。但是传统的方式因为是接触式的，一般在自动操作或者是半自动操作时难以发挥比较好的效果。

而在自动制孔系统中，法矢检测技术也有明确的非接触式解决方案，如 MPAC 采用的涡流式传感器，如图 8.17 所示，其采用了三个涡流传感器，具体的原理是涡流传感器靠近金属时会产生涡流效应，从而得到了信号反馈。但是涡流传感器也具有一些局限性，如其对法矢测量时必须是金属件，而且必须很贴近蒙皮才会产生涡流效应，故其对飞机蒙皮的敞开性有一定的要求，且对于曲率比较大的蒙皮来说，近距离测量后摆角调整范围受限。同样在非接触式法矢检测技术中，激光测距仪的运用是现在主流的趋势，而且计算原理是将测量蒙皮表面近似看作小平面来处理的。多组激光测距仪的测量方法能在离蒙皮较远的距离测量，并且测量精度较高。

图 8.17　MPAC 上的涡流式传感器法矢检测系统

如图 8.18 所示，飞机表面检测曲面 $A_1B_1C_1D_1$ 区域很小，在一般曲率蒙皮上可近似看成一个平面（实际情况一般 $A_1B_1C_1$ 和 $A_1B_1D_1$ 是两个平面），刀尖点 T 的法向量方向也就是 $A_1B_1C_1$（或 $A_1B_1D_1$）平面的法向量。

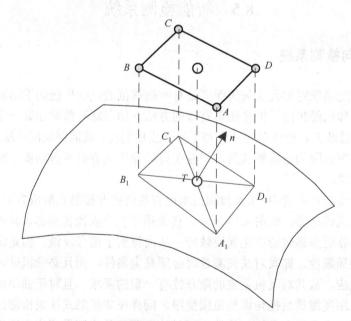

图 8.18　基于四个激光测距仪的法矢检测方法

采用基于四个激光测距传感器的检测方法，相对于三个激光测距传感器，能够即时规避一些异常检测信息，并且四个激光测距传感器每次测量能得出四组法矢信息，对这四组法矢信息进行最小二乘法或者测量面积加权法等优化，能够显著地提高整体检测系统的测量精度。图 8.19 为基于多激光测距仪的法矢检测结构。

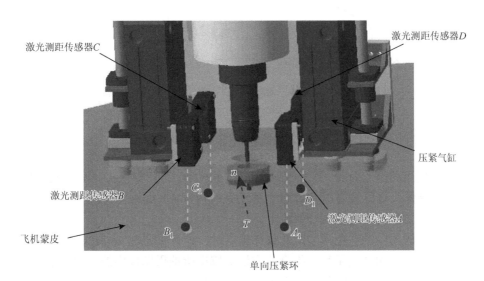

图 8.19　基于多激光测距仪的法矢检测结构

8.5.2　孔位检测系统

采用视觉测量技术进行孔位检测。系统的照相检测单元部分包括 In-Sight 视觉系统、固定件、镜头、连接线、安装板和光源。在光源下通过镜头采集图像数据，通过连接线，经计算机处理，完成照相检测功能。在飞机自动制孔工艺中，一般需要一些预装配孔或者标记点便于自动化装配系统的识别与后续工作。图 8.20 和图 8.21 为某飞机自动化装配技术中的制孔孔位的设定，两端深色孔为预装配铆钉孔，中间孔位是需要进行自动制孔的孔位。

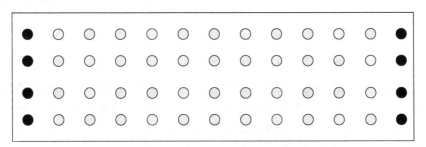

图 8.20　某飞机自动化装配试验件的制孔孔位

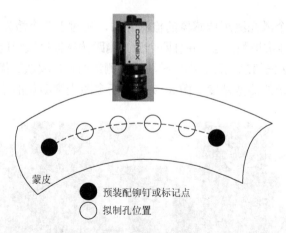

蒙皮

● 预装配铆钉或标记点

○ 拟制孔位置

图 8.21　摄像头的孔位检测示意图

　　系统运用的是 Cognex 的 In-Sight micro 1050-01 工业摄像头，配备 M0814 镜头。运用摄像头进行测量时依靠自主移动系统内部 XY 框进行 X、Y 方向的扫描，运用以太网协议实时连接到计算机上。

　　当扫描到图中的深色预装配孔或标记点时，计算机通过 In-Sight 图像处理软件，实时处理图像，运用特征拟合的方法提取出所拍摄图像中的孔位特征，进一步对特征进行处理，得出孔位中心在摄像头中的坐标，通过 D-H 坐标变换转换到自主移动式制孔系统的坐标系中，如图 8.22 所示。

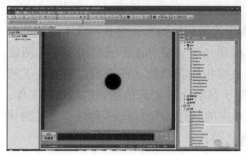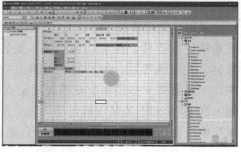

图 8.22　In-Sight 图像处理软件与坐标提取

　　但在摄像头拍摄中，如果自主移动系统本身未调整好法矢，摄像头拍摄出来的图片很有可能是椭圆的，会影响提取孔位中心坐标的精度，因此基于摄像头的孔位检测方法，需要与法矢检测方法相互配合。先使摄像头找到大致的标记点，然后通过基于多激光测距仪的法矢测量方法，给予控制系统法矢对准调整量，之后再进一步地进行孔位坐标的精确检测，实现制孔的路径规划。

8.6 控 制 系 统

基于自主移动机构的爬行机器人若要实现精准制孔，除了需要有适合的检测方法和调整方法，还需要有相应的控制算法和策略。即需要对各种传感器进行信号采集和数据处理，协调规划加工路径，对各个运动轴进行独立或联动控制，以实现智能化的工作。

8.6.1 控制需求

根据爬行机器人的机械结构和工艺流程，可以确定最终需要控制的元件包括伺服电机、激光测距仪、工业相机、拉线编码器、气阀开关等，要实现这些元件的集成化控制，需要控制系统对各元件进行信号采集和转换，再对数据进行处理，规划控制任务，再把数据和命令传送给下层的执行系统，具体控制需求如图 8.23 所示。

上位机部分的工作主要分为任务规划、通信连接、数据处理、模式切换和界面控制五个部分。上位机首先需要和下位机，也就是运动控制器和工业相机进行通信连接，以实现数据传输。然后对采集的不同信号进行数据转换，如 A/D 转换，使其成为上位机可以通用处理的形式，再对其进行存储和传输，如将工业相机的测量数据通过坐标转换方法由二维信息变成工件坐标系下的三维坐标，供系统其他元件使用。模式切换是选择爬行机器人的不同工况，如爬行机器人在处于移动定位模式下，需要锁紧变胞机构并打开内外框移动副；在处于姿态调整模式时，则需要解锁变胞机构并将内外框移动副抱死。任务规划是要根据离线编程生成的加工文件规划加工路径，还要依据机器人的预期姿态反解各轴的运动量。界面控制则是将下位机复杂烦琐的控制集成为便于根据不同工件和加工要求制定相应制孔程序的人机交互界面。

下位机包括运动控制器和工业相机。运动控制器需要与上位机建立通信连接，接收指令与传递数据，控制和检测 I/O 信号，调节运动控制系统的 PID 参数，换相，采集位置编码器、激光测距仪、拉线编码器等传感器的信号，还要设计相应插补算法，确定加工路径。工业相机首先需要对图像进行采集，设置图像采集间隔时间、图像质量等参数，对图像进行处理，提取有效特征并计算关键数据，如孔心坐标、孔径大小、匹配度等，然后传递给上位机作处理，如特征判断、坐标转换等。

最后将系统处理好的控制指令下发给各驱动器，控制电机或机械 I/O 设备，用以驱动执行机构，如滚珠丝杠传动机构实现爬行机器人八条腿的升降和内外框的移动，齿轮传动机构实现电主轴的速度转换，电磁阀实现对真空吸盘吸附与释放的控制。

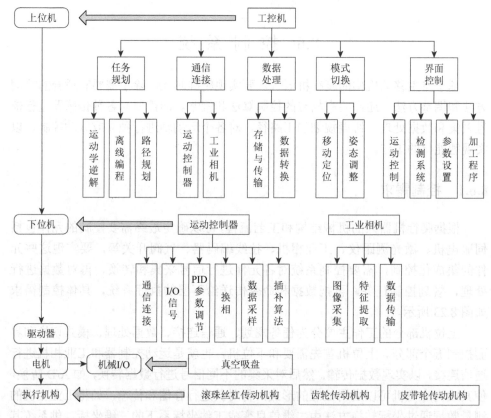

图 8.23　爬行机器人控制需求

　　该控制系统的重点与难点主要在于 13 个伺服电机的控制,它不同于简单的单轴控制,通过伺服给电机下发运动指令实现直线运动或旋转运动。在爬行机器人的控制任务中,在检测预装配孔坐标信息以及制孔时,爬行机器人不仅需要 X、Y、Z 方向上的移动,还要进行 A、B 角方向上的摆动,此时需要对八条腿进行同步控制,对每条腿下发不同的控制命令,保证爬行机器人稳定调姿,也保证爬行机器人各零部件的使用寿命。此外,运动控制器无法直接处理工业相机的测量数据,需要上位机进行处理和转换,再传达给运动控制器,对实时性要求很高,否则无法根据爬行机器人的实际情况进行判断和抉择,因此工业相机和运动控制器的并行处理对控制系统也提出了很高的要求。

8.6.2　控制系统硬件平台

　　选择基于 IPC + UMAC 的开放式控制系统,来满足上述控制需求,完成高质量、高效率制孔的功能。控制系统的设计采用标准化、模块化、通用化的设计方案，以适应不同的控制需求，如轴数需求、速度要求、实时性要求等，具体方案如图 8.24 所示。控制系统由系统层、控制层和执行层构成，采用一主多从的模式进行控制，通过实时以太网进行通信。

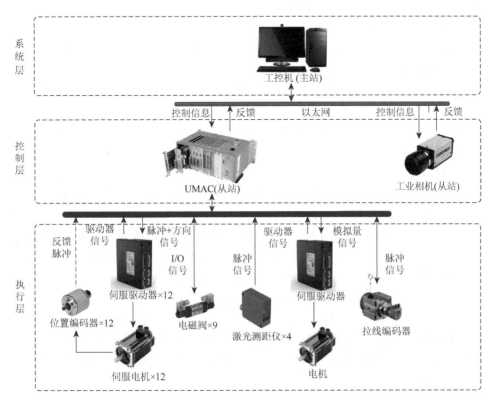

图 8.24　爬行机器人控制系统架构

即工控机（主站）具有强大的计算能力、优越的安全可靠性和环境适应性。作为中央控制系统，协调从站运动单元和检测单元，负责参数配置、数据处理分析、任务规划、发送指令、监测系统运行等工作。

控制层由各个从站组成，包括美国泰道公司的运动控制器 UMAC 和 Cognex 公司的工业相机。它们利用实时以太网进行连接，通过 TCP/IP 协议进行通信，传递数据，解析系统层发送的控制指令，并分配到执行层的各个组件执行。

执行层由伺服驱动器、伺服电机、位置编码器、拉线编码器等硬件组成，根据控制层下发的指令进行相应的动作，并能将其检测到的实际数据反馈给控制层。

UMAC 是 Delta Tau 公司遵循开放式系统结构标准开发的开放式系统级运动控制器，采用 3U 结构，是集多轴运动控制、PLC 控制和数据采集功能于一体的控制产品。目前 UMAC 多采用 Turbo PMAC 2 控制卡作为核心处理器，依靠 Motorola

DSP5630x 数字芯片的强大运算能力，完成各种运动控制功能。同时还可以根据现场使用需求，自主选择多个 PMAC 板卡进行扩展配置。其最多可以支持 32 个轴的独立或联动控制，能够实现直线、圆弧、样条、位置-速度-时间（PVT）等插补功能。UMAC 还通过调节与伺服滤波器相关的 I 变量，确定良好伺服性能的 PID 参数。UMAC 有 16 个坐标系，用于复杂控制系统多轴的同步运动。可以实现每个电机闭环伺服控制，指令输出转化为 DAC±10V、数字 PWM 或者脉冲＋方向信号，广泛地应用于各种类型电机。

自动制孔系统结构复杂，因为要将传感器集成在一起，所以对其体积和功能提出了很高的要求。系统选用的视觉传感器是美国 Cognex 公司的 In-Sight Micro 系列，是体积最小的视觉系统系列，大小仅为 60mm×30mm×60mm，支持通过以太网供电，可以轻松集成到较小的工作空间中。In-Sight 系列都是独立的紧凑型视觉系统，无须外部处理器或单独的摄像头，是目前市场上唯一一款能够提供工业级功能标准的视觉系统，具有耐用的压铸铝外壳，抵御因振动造成的破坏。与其配套的软件 EasyBuilder 可以便捷地设置程序，快速地部署应用程序。它还支持主要可编程逻辑控制器生产商使用的开放标准协议，提供适用于多种主流机器人的预配置通信工具，以及与计算机连接时使用的 OPC 服务器、ActiveX 显示控制和多种通用通信协议，具有很高的易操作性、通用性和稳定性。

除了工业相机和激光测距仪，爬行机器人还选用了距离传感器与拉线编码器来控制电主轴进给深度，从而用于控制锪孔的深度，保证锪窝的质量。相比激光测距仪，拉线编码器具有更高的精度，同时相比绝对光栅尺等其他高精度传感器又具有成本上的优势，因而在此选用拉线编码器用于自动制孔的深度控制。

8.6.3　控制软件设计

控制系统的软件开发，总体上需要从以下三点出发：

（1）合理选择软硬件开发平台，其直接决定了下层的通信与控制方式；

（2）实现优良性能的软件伺服控制，其控制效果直接影响自动制孔系统的加工精度和制孔效率；

（3）软件设计的可靠性、高效性和易维护性，便于用户使用及后期的开发和升级。

爬行机器人的控制软件是整个控制系统的重要组成部分，通过该控制系统建立用户与下位机之间的交互平台，实现绝大部分的自动控制功能。

爬行机器人控制系统软件架构包括任务规划、通信连接、数据处理、模式切换和界面控制，具体内容如图 8.25 所示。

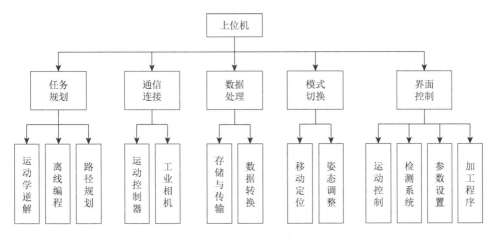

图 8.25　爬行机器人控制系统软件架构

1）任务规划

实现高效、准确、稳定制孔，需要将制孔过程中的每一步都规划好。通过理论模型生成离线编程加工文件，这样就明确了制孔的位置。根据爬行机器人的特定结构，进行运动学反解，得到爬行机器人不同位姿下各运动轴的位置。如爬行机器人在调姿功能阶段，需要根据检测到的法向调整机器人姿态，使刀具轴向与制孔法向一致，即根据检测的法矢（l，m，n）可以得到各足在 x、y、z 方向上的驱动量：

$$\begin{cases} \Delta x_{pim} = x_{sib}c\phi_y + y_{sib}s\phi_x s\phi_y - z_{sib}c\phi_x s\phi_y - x_{sib} \\ \Delta y_{pim} = y_{sib}c\phi_x + z_{sib}s\phi_x - y_{sib} \\ \Delta z_{pim} = x_{sib}s\phi_y - y_{sib}s\phi_x c\phi_y + z_{sib}c\phi_x c\phi_y - z_{sib} \end{cases} \quad (8.23)$$

路径规划不仅包括机器人的位移、速度还有加速度的分析和规划，还包括机器人调整到指定姿态的动作序列和路径，是一个最优化求解的过程。好的路径规划不仅能够完成任务，可以使加工时间、驱动力矩等性能指标得到优化。

2）通信连接

系统是基于 IPC + UMAC 的开放式控制系统，采用一主多从的控制模式，所以需要与下位机建立通信连接，以接收下位机采集和处理的信号，并且下发指令。为实现自动制孔系统对不同简单运动的控制，不仅需要根据设定的加工程序进行制孔，还要根据现场实时情况做出调整，需要对加工现场实时监控。所以需要对视觉传感器、测距传感器、位置编码器以及运动控制器建立通信，实时传递数据。

3）数据处理

由于各种传感器的输出信号不同，对控制器和上位机而言，需要开放多种输入接口对数据进行采集,如模拟量、脉冲、I/O 信号等。将采集的信号转换成上位机可以通用处理的形式,再根据运动算法和控制方式下发控制指令。

4)模式切换

在自动制孔系统进行制孔的过程中,往往需要在不同的工况下进行切换,以满足不同场合下的功能需求。如爬行机器人制孔过程中在自主移动时,其用于自动补偿的变胞机构需要锁死,而内外框的移动副要打开;而在调姿功能阶段,需要将变胞机构打开,而将内外框移动副抱死,这样可以减少调姿过程中来自外界的干扰。

5)界面控制

界面控制是软件开发的核心之一,用于建立用户和下位机的交互沟通。根据 UI 的面向工程和用户的使用习惯对软件界面进行设计,将复杂的底层控制简单化呈现,让不同用户可以有效地对爬行机器人进行控制。爬行机器人的控制系统从操作人员和技术人员两个用户群体出发,设计相应的控制界面,操作人员选择加工模型和加工程序,进行简单的参数配置即可实现高精度自动制孔。技术人员可以通过手动调试界面对机器人进行手动控制,还可以对各运动轴和视觉检测参数进行设置,根据不同的加工要求做出灵活调整。

根据爬行机器人的功能要求,要实现最终对各运动轴的精确控制,需要相应的运动控制指令,这类指令有多种来源,具体如图 8.26 所示。首先来自自动制孔的程序,即导入离线编程加工文件,调整好制孔系统和工件即可进行指令分解和顺序调度,然后下发运动控制指令。此外,通过工业相机的图像采集与处理,根据预装配孔的坐标信息得到孔位坐标修正矩阵,对制孔程序进行调整。同样,利

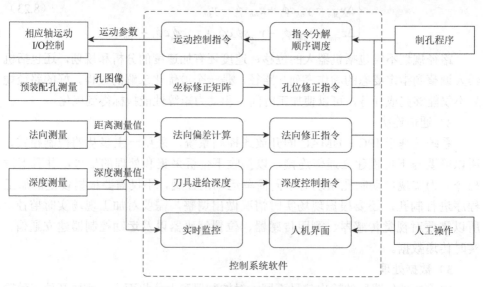

图 8.26　控制系统软件操控流程

用激光测距仪的测量值计算出法向偏差，进而生成相应法向修正指令下发给运动控制系统。根据拉线编码器的测量值可以计算得到刀具的进给深度，从而反馈到控制系统实时调整刀具的进给量。控制系统软件还可以对轴运动、I/O 控制、孔位测量、法向测量、深度测量进行实时监控，用户还可以通过人机界面下发控制指令，以及监控制孔过程。

自动制孔系统的控制软件功能主要分为四个模块，分别是系统自检、自动制孔、手动调试和状态监控。系统自检用于开启设备和控制系统软件后，建立设备之间的通信连接，检查设备状态是否良好等。自动制孔主要针对生产一线的操作人员，可以根据加工需求选择自动加工文件，进行简单的参数配置即可进行自动制孔。手动调试针对专门的技术人员，利用控制界面对下层的 UMAC 控制器、传感器等的参数进行检查和修改，便捷地实现对制孔程序的优化和故障排查。状态监控主要是将各轴的运动状态与传感器的测量信息，如法矢信息、孔位坐标信息、深度信息、相机的拍摄画面以及报警信息呈现在界面当中，以便用户对整个制孔过程和设备的运行状况进行实时监控。

1）系统自检

系统自检部分主要是对控制系统的各个节点进行检测，以确定各功能模块可以正常使用。UMAC 运动控制器是整个控制系统的核心，首先需要与其建立通信连接。该控制器拥有多种通信接口，如 RS232/422 串口、USB 以及网口，由于网口通信（以太网通信）通用性和实效性更好，所以在本书中选用网口通信，通过网线为系统传递信息，下发指令。系统自检通信流程如图 8.27 所示。

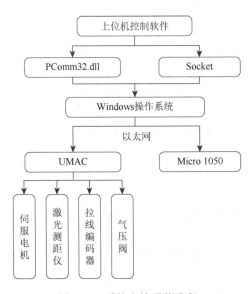

图 8.27　系统自检通信流程

为了满足用户的二次开发需求，美国 Delta Tau 公司提供了 UMAC 的上位机开发接口，也就是动态链接库 PComm32.dll。用户可以利用其封装好的函数开发自己的运动控制系统，实现对设备的自动控制。其通信通过安装 UMAC 的上位机软件 PEWIN32 PRO2 注册动态链接库 PComm32.dll，利用上位机调用即可实现通信（hlib = LoadLibrary（"PComm32.dll"））。此处检测的是通过网口能否访问 UMAC 的 IP，正常使用情况下不会出现问题，如有异常需要排查接线，若接线无异常，需要重新设置 IP。

完成 UMAC 的通信之后，即可对相应的传感器，如伺服驱动器、激光测距仪、拉线编码器、气压阀通断、气压大小等进行检测，判断其工作状况并反馈到自检界面当中。Cognex 工业相机功能强大集成度高，独立于 UMAC，且建立通信所需要的时间稍长，因此对这部分的检测放在后面。

Cognex 工业相机不仅可以进行图像采集，还集成了强大的 GPU 对图像进行处理，因此在使用中独立于运动控制器，直接与上位机通信连接。具体的使用需要通过 Cognex 公司提供的 In-Sight 视觉系统软件对相应的参数进行设置，对检测程序进行编写，将其储存在相机中，当其通电正常工作后就会按照设定的程序进行相应的图像采集和图像处理，输出检测数据。此处需要通过基于 TCP/IP 协议的 Socket 套接字通信，访问相机的 IP 地址和预设的传输端口号，实时接收其发出的测量结果。此处的检测主要是对其端口的传输信号进行判断，以确定其是否通电以及运行是否正常。

2）自动制孔

自动制孔模块的功能是配合操作人员高效稳健地运行自动制孔程序，操作人员只要将爬行机器人安装到工件上，校准机器人的定坐标系和工件坐标系，再根据实际情况配置相应的加工参数，即可进行相应的自动制孔程序。自动制孔模块流程图如图 8.28 所示。

在自动化制孔前首先需要对系统进行初始化，即需要读取各轴的初始位置，建立各坐标系之间的初始位置关系，同时将 UMAC 内的临时参数进行初始化（PmacGetResponse（0，response，maxchar，"$$$"）），清除系统缓存。然后导入加工工件的数模以及离线编程加工文件，该部分是自动制孔的核心，也是后续修正工作的基础。接着将爬行机器人安装到工件表面，并通过测量系统对初始定位点进行检测，这里主要是确定工件坐标系原点相对机器人定坐标系原点的位置，以及机器人内框 x 轴方向和机器人预期自主移动方向的偏差，通过微调将偏差值控制在 0.5° 以内即可。

完成零点校准后即可以移动机器人，根据模型中爬行机器人的安装位置和制孔区域的位置确定其移动的总距离。机器人到达指定制孔区域后切换功能状态，即将变胞机构打开，内外框移动副抱死，以进入调姿功能阶段。爬行机器人的安

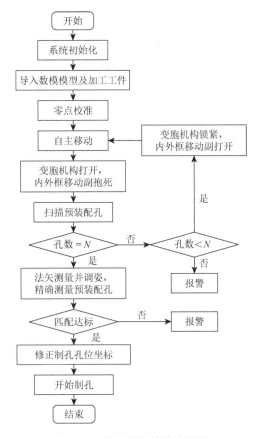

图 8.28　自动制孔模块流程图

装和工件的变形等因素会导致爬行机器人按照理论移动距离运行，爬行机器人并不能到达指定位置，所以需要通过移动末端执行器对该区域进行粗略扫描，以确定内框覆盖区域是否包含所有的预装配孔（一般能检测到设置的预装配孔，就可以制取该区域的所有孔位），即利用检测到的预装配孔数量与理论数值进行比较。当检测值小于理论值时，说明爬行机器人的实际位置与理论位置有所差别，需要重新调整其自主移动距离，重新检测。当检测值大于理论值时，说明存在干扰因素，因此产生报警信号 1，需要暂停程序检查工件，排除反光、杂物等因素对检测的干扰。当检测值等于理论值时对预装配孔进行精确检测，根据激光测距仪检测的距离和计算得到的法矢，调整末端执行器姿态，使预装配孔特征处于相机视场中心，再测量得到其精确的特征信息。当所有预装配孔的特征信息均达标（在寻孔任务中以特征直径大小和特征的圆度作为检验标准），则说明检测到的均为正确预装配孔，无干扰因素，即可根据第 3 章的空位修正方法对制孔孔位的坐标进行修正，开始制孔程序。若检测得到的预装配孔的特征信息存在未达标情况，说明可能存在干扰，因此产生报警信号 2，需要暂停程序，检查干扰因素。

在以上的自动制孔流程中，末端执行器检测预装配孔数量的扫描方式和精确测量预装配孔的扫描方式有所差别。

前一种扫描是为了遍历整个内框覆盖区域，因此选用从初始位置开始逐行扫描的方式。后一种扫描是因为在精确测量预装配孔过程中，末端执行器移动到预装配孔上方后，爬行机器人需要调姿，即要调整 A、B 角，还要控制升降高度，会使得预装配孔特征消失在相机视场中，所以选用由末端执行器所在位置为中心，逐圈向外扫描的方式，具体方式如图 8.29 所示。

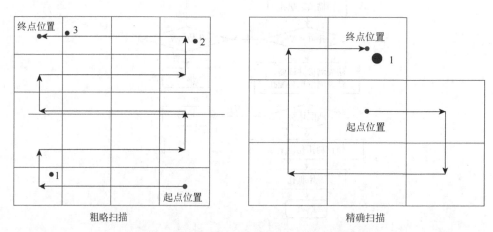

图 8.29 粗略扫描与精确扫描工作流程示意图

图 8.29 中的方框表示相机的视场范围，在粗略扫描的过程中，只需检测孔的数量，而对其位置信息的精度要求不高，因此一般相机距离工件表面相比测量状态要远一些，这样检测的区域可以增大，寻孔效率更高。在精确检测预装配孔时，需要将末端执行器调整至标定时设定的状态，以便高精度测量预装配孔位置信息。以检测具有三个预装配孔的区域制孔为例，首先粗略扫描，由起点位置开始逐行扫描，直到终点位置。确定预装配孔数量后，将末端执行器移动至孔 1 的位置，调整爬行机器人姿态至精确检测状态，若孔 1 在相机视场中，只要移动末端执行器使孔特征位于视场中心即可。若孔 1 不在相机视场中，则采用精确扫描的方式由所处位置为起点逐圈向外扫描，最终找到孔 1 并使其处于相机视场中心进行精确测量。

3）手动调试

手动调试模块的功能包括功能调试、单轴调试和参数设置三部分，用来实现用户的自定义调试，主要是帮助技术人员手动调整机器人的状态，检查和修改内部参数等。

如图 8.30 所示，在手动调试模块中，可以实现单轴的运动控制，包括速度调节、运动方式选择和距离设置，还包括实现具体功能的联动控制，如外框的移动、内框的移动、八腿同步运动、A/B 角调姿和主轴运动等，也包括参数设置。功能调试部分可以实现的内容有以下几方面。

图 8.30　手动调试模块

（1）外框移动：爬行机器人整体移动，选择相应的运动方式即可实现，连续运动方只需要选择运动方向，绝对运动方式下输入移动距离选择移动方向即可到达绝对位置，相对运动方式下输入移动距离选择移动方向即可移动指定长度。

（2）内框移动：末端执行器在 X、Y 向移动，使用方法与外框移动相同，拥有连续运动、绝对位置运动和相对位置运动三种方式可供选择。

（3）A、B 角调姿：根据实际情况需要手动调整末端执行器的姿态，即调节八腿高度，使爬行机器人绕其定坐标系的 X、Y 轴转动相应角度。

（4）八腿同步运动：该功能与 A、B 角调姿原理类似，都是对八腿进行联动控制，这里实现的是八腿同步上升或下蹲，此外设定进给速度，以满足制孔和普通升降过程对进给速度的不同需求。

（5）主轴转动：该部分用来手动调节主轴的相关运动，包括转动速度和转动方向。

功能调试部分的安全稳定性由软件的限位设置保证，在输入的数值超出限位或各轴运动到了限位位置，爬行机器人都会自动停止运动，并向用户发送警告。如果实际情况需要修改限位，可以在参数设置中进行相应的修改。

单轴调试部分主要针对每个运动轴进行设置，其与功能调试中的部分功能不同的地方在于其只对选定的运动轴进行调节，调节方式与上述方法相同，但受到结构上的限制，使得单轴调试一般只能在小范围内操作。该部分主要用于对各轴的单独检测和调整，如在标定爬行机器人初始位置时，为了使得末端执行器的移动平面与基准面平行，需要对其中的某几个轴进行单独调试，以实现高精度调整，使各运动部件能够协调工作，如图 8.31 所示。参数设置部分主要是对下位机的一些具体参数进行检查和修改，主要包括以下几方面。

图 8.31　参数设置

（1）传感器的相关参数：光源亮度、主轴进给深度、待检测预装配孔孔径大小。

（2）限位参数：各轴位置和速度的正负限位。

（3）地址参数：M 变量地址（用以控制 I/O 信号和模拟量输入，如激光测距仪、气压阀和拉线编码器）、伺服位置地址和指令地址。

（4）运动参数：手动加速度、手动最大速度、自动最大速度等。

（5）控制模式：使能、标志模式、译码控制、输出模式等。

4）状态监控

状态监控模块主要包括三个部分，即轴运动状态、传感器检测信息和阀门状态。轴运动状态中包含各轴轴号对应的部件，各轴当前位置和速度，还有对应的限位，即位置范围和速度范围。在爬行机器人运行过程中，可以观察每个轴的位置和速度，当出现异常情况时，可以迅速检查到是哪个轴出现问题。限位可以保证整个爬行机器人在运行过程中的安全稳定性，不会出现卡死等现象。如果实际情况中需要修改限位，如根据扩大或缩小加工范围，控制某个轴的最大运转速度，需要在手动调试模块的参数设置相应栏目中进行修改。

　　传感器检测信息包括工业相机、激光测距仪、拉线编码器。在状态监控模块中，将相机采集得到的图像实时呈现在界面中，以便观察在制孔过程中相机的使用情况以及工件表面的实际情况，以便验证相机输出的检测信息是否正常，如工件表面带有切屑等杂质以及光线反射，导致相机检测出类似圆形特征，干扰到制孔程序的正常进行，如发现即可立即进行相应处理，如暂停程序，清理杂质或调整光源亮度等。除了相机图像外，还包括相机检测得到的孔位坐标信息。激光测距仪方面除了有计算得到的实时法矢信息，还包括其本身的测量长度，以此可以观察到是否有激光测距仪工作异常。拉线编码器方面比较简单，只要根据检测的主轴到压紧面的相对距离计算得到刀尖点相对工件表面的距离，将其显示在状态监控界面即可，正值表示未制孔，负值表示当前进给深度。

　　阀门状态信息主要是开关状态，包括爬行机器人八条腿上的真空吸盘和压紧板对应的气压阀，还包括切换爬行机器人功能状态的变胞机构的电磁阀，在状态监控界面中可以清楚地观察到各个阀门的开关情况。控制系统软件状态监控界面如图 8.32 所示。

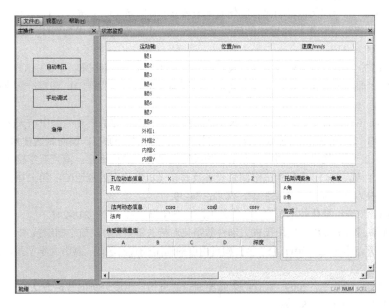

图 8.32　控制系统软件状态监控界面

主要参考文献

卞正岗，2015. 机器人与自动化技术[J]. 自动化博览，（3）：76-78.

曹翔，2007. 3DXML 标准在协同装配中的研究与应用[D]. 南京：南京航空航天大学.

陈炳锐，2009. 基于图像重构的 BGA 焊接辅助定位系统研究与实现[D]. 广州：华南师范大学.

陈仕茂，2009. 难切削加工材料螺旋铣孔切削动力学及其试验研究[D]. 天津：天津大学.

陈文亮，姜丽萍，王珉，等，2015. 大型客机铝锂合金壁板自动钻铆技术[J]. 航空制造技术，473（4）：47-50.

戴家隆，2013. 飞机柔性装配自动化钻孔控制技术研究[D]. 南京：南京航空航天大学.

戴建芳，2008. 基于激光测距的二维大尺寸测量研究[D]. 天津：天津大学.

邓嘉鸣，余同柱，沈惠平，等，2012. 基于方位特征的六自由度并联机构型综合[J]. 中国机械工程，23（21）：2525-2530.

杜福州，2014. 大尺寸精密测量技术及其应用[J]. 航空制造技术，（11）：16-24.

富宏亚，韩振宇，路华，2009. 纤维缠绕/辅带/铺丝成型设备的发展状况[J]. 航空制造技术，（22）：43-46.

葛妍娇，郭宇，黄少华，等. 基于智能感知网的物料配送动态优化方法[J]. 计算机工程与应用，1-9.

耿娜，2010. 经纬仪坐标测量定向方法研究与系统实现[D]. 天津：天津大学.

郭洪杰，2012. 新一代飞机自动化智能化装配装备技术[J]. 航空制造技术，415（19）：34-37.

海鸥，2018. 智慧博物馆智能感知的应用研究——以可见光通信技术为例[J]. 遗产与保护研究，3（8）：112-114.

韩秀全，2013. 典型先进航空钣金制造技术研究进展[J]. 航空制造技术，438（18）：70-73.

何珍，2018. 面向智能物料输送系统的感知互联互通技术研究与实现[D]. 南京：南京航空航天大学.

胡丹，2014. 飞机钛合金钣金件橡皮囊精确成形技术研究[D]. 南京：南京航空航天大学.

胡晓睿，2013. 国外航空航天领域钛合金制造技术研究应用新进展[J]. 国防制造技术，（5）：5-7.

黄大兴，2012. 面向飞机装配的自主移动机构关键技术研究[D]. 南京：南京航空航天大学.

黄桂平，范生宏，2011. 大尺寸三维测量设备及其在飞机制造中的应用[C]. 第三届民用飞机先进制造技术及装备论坛论文汇编，深圳：34-39.

黄辉，2010. 三维可视化技术研究[J]. 信息工程大学学报，11（6）：218-247.

黄翔，李泷杲，陈磊，2010. 民用飞机大部件数字化对接关键技术[J]. 航空制造技术，（3）：54-56.

黄真，刘靖芳，李艳文，2011. 150 年机构自由度的通用公式问题[J]. 燕山大学学报，35（1）：1-15.

黄真，刘靖芳，曾达幸，2009. 具有约束螺旋理论的机构自由度分析的普遍方法[J]. 中国科学：技术科学，39（1）：84-93.

黄真，赵勇生，赵铁石，2006. 高等空间机构学[M]. 北京：高等教育出版社.

江丙云，孔祥宏，罗元元，2014. CAE 分析大系：ABAQUS 工程实例详解[M]. 北京：人民邮电出版社.

姜丽萍，2016. 基于模型定义的中机身自动化装配关键技术研究[D]. 南京：南京航空航天大学.

金灿，2013. 基于 HALCON 的印刷图像质量检测技术研究[D]. 长沙：中南大学.

金涨军，2016. 飞机装配中大尺寸测量场的建立与优化技术[D]. 杭州：浙江大学.

靳红伟，2011. 球头刀数控铣削加工轨迹规划及切削参数离线优化[D]. 天津：河北工业大学.

康仁科，杨国林，董志刚，等，2016. 飞机装配中的先进制孔技术与装备[J]. 航空制造技术，59（10）：16-24.

雷自力，2011. 基于 Pro/E 的三维零件参数化建模和特征提取研究[D]. 武汉：华中科技大学.

黎永前，1999. 现代精密测量技术现状及发展[J]. 航空工艺技术，（3）：13-18.

李佳特，2001. 数控技术的发展[J]. 现代制造工程，（3）：5-7.

李舰，2007. 二维条码识读系统研究[D]. 哈尔滨：哈尔滨工业大学.

李西宁，胡匡植，李维亮，等，2013. 飞机数字化柔性装配工装技术[J]. 航空制造技术，432（12）：40-43.

李贤，2012. 基于激光直写的微流光学触摸传感阵列[D]. 杭州：浙江大学.

李小强，李东升，杜宝瑞，2012. 国外航空钣金专用制造技术与装备发展[J]. 航空制造技术，411（15）：32-37.

李晓枫，王仲奇，康永刚，2012. 基于 DELMIA 的装配过程仿真及其在飞机数字化柔性工装设计中的应用[J]. 锻压装备与制造技术，（6）：92-95.

李志强，郭和平，2004. 超塑成形/扩散连接技术的应用与发展现状[J]. 航空制造技术，（11）：50-52.

梁家海，陈海，2008. RFID 技术在仓储管理中的应用[J]. 微计算机信息，24（20）：247-249.

林琳，夏雨丰，2011. 民用飞机装配自动制孔设备探讨[J]. 航空制造技术，（22）：77-80，106.

林胜，2009. 自动铺带机/铺丝机（ATL/AFP）——现代大型飞机制造的关键设备（下）[J]. 世界制造技术与装备市场，（6）：78-83.

林胜，2009a. 自动铺带机/铺丝机（ATL/AFP）——现代大型飞机制造的关键设备（上）[J]. 世界制造技术与装备市场，（4）：84-89.

刘立冬，2008. RFID 中间件技术在商品防伪的应用研究[D]. 北京：北京工业大学.

刘天骄，王永军，夏晓娇，等，2014. 数控拉弯机在飞机框缘类型材成形中的应用[J]. 锻压技术，39（8）：47-53.

刘辛军，汪劲松，李剑峰，等，2001. 一种新型 3 自由度并联机构的正反解及工作空间分析[J]. 机械工程学报，37（10）：36-39.

刘彦北，2011. 基于自适应 Gabor 滤波器组的布匹瑕疵检测技术研究[D]. 天津：天津工业大学.

罗春彬，彭龑，易彬，2009. RFID 技术发展与应用综述[J]. 通信技术，42（12）：112-114.

罗胜彬，2013. 非接触测量技术发展研究综述[J]. 机床与液压，41（23）：133-153.

罗志增，1998. 机器人多感觉传感器系统与多信息融合技术[D]. 杭州：浙江大学.

马骊群，王立鼎，靳书元，2006. 工业大尺寸测量仪器的溯源现状及发展趋势[J]. 计测技术，26（6）：1-5.

梅中义，杨涛，2013. 基于模型定义的飞机全三维设计实现技术[J]. 航空制造技术，（8）：26-31.

磨少清, 2011. 边缘检测及其评价方法的研究[D]. 天津：天津大学.

庞尔江, 2018. 机器视觉在测量领域的应用专利技术综述[J]. 传感器世界, 24（4）：7-13.

彭书杰, 陈付奎, 孙晗, 等, 2016. 碳纤维复合材料与飞机结构[J]. 工程技术（文摘版）,（6）：273.

裘祖荣, 2010. 机械制造领域测量技术的发展研究[J]. 机械工程学报, 46（14）：1-11.

阮李英, 2009. 条形码发展及应用前景[J]. 广西质量监督导报,（5）：57-59.

邵忠喜, 2010. 纤维铺放装置及其铺放关键技术研究[D]. 哈尔滨：哈尔滨工业大学.

苏云龙, 2019. 激光扫描定位技术与机器人抓取研究[D]. 无锡：江南大学.

孙文虎, 2004. 经纬仪测量系统的数据处理方法及可视化研究[D]. 郑州：解放军信息工程大学.

陶飞, 张萌, 程江峰, 等, 2017. 数字孪生车间——一种未来车间运行新模式[J]. 计算机集成制造系统, 23（1）：1-9.

王斌, 2015. 飞机结构件数控加工的工序间模型构建[D]. 武汉：华中科技大学.

王弟伟, 2005. 基于 DirectX 的三维数字地形真三维显示关键技术的研究[D]. 南京：南京航空航天大学.

王凯, 2010. 交流电压/电流智能传感器信号处理技术的研究[D]. 成都：西华大学.

王亮, 李东升, 2012. 飞机数字化装配柔性工装技术体系研究[J]. 航空制造技术, 403（7）：34-39.

王亮, 李东升, 刘凤贵, 等, 2010. 飞机壁板类组件数字化装配柔性工装技术及应用[J]. 航空制造技术,（10）：58-61.

王珉, 陈文亮, 郝鹏飞, 等, 2013. 飞机数字化自动钻铆系统及其关键技术[J]. 航空制造技术, 421（1）：80-83.

王珉, 王谢苗, 陈文亮, 2015. 具有变胞功能的自主移动制孔机构[J]. 北京航空航天大学学报, 41（3）：398-404.

王鹏飞, 2012. 基于 ARM920t 的 RFID 阅读器基带部分的设计实现[D]. 南京：南京邮电大学.

王晓斌, 宁涛, 王可, 2010. 3DXML 文件格式解析及应用[J]. 图学学报, 31（2）：33-37.

王勖成, 2003. 有限单元法[M]. 北京：清华大学出版社.

王焱, 2015. 未来工厂：数字量贯通的集成运行[J]. 航空制造技术, 477（8）：38-45.

王焱, 王湘念, 2015. 智能制造的基础、组成及发展途径[J]. 航空制造技术, 482（13）：32-37.

王瑛琪, 盖登宇, 宋以国, 2011. 纤维缠绕技术的现状及发展趋势[J]. 材料导报, 25（5）：110-113.

王钰, 2019. 基于 Unity 3D 的微电机自动装配线实时仿真系统[D]. 南京：南京航空航天大学.

王增新, 王卫朝, 2015. 面向大型航空构件的国产高档数控机床和专用装备[J]. 航空制造技术, 58（16）：48-53.

魏正方, 2007. 水溶性芯模材料的制备与性能研究[D]. 武汉：武汉理工大学.

邬玉良, 2015. 智能制造未来发展动向[J]. 机器人产业,（2）：18-23.

吴帆, 2013. 增强现实技术原理及其在电视中的应用[J]. 电视技术, 37（2）：40-43.

吴帆, 张亮, 2012. 增强现实技术发展及应用综述[J]. 电脑知识与技术,（34）：8319-8325.

吴晓峰, 张国雄, 2006. 室内 GPS 测量系统及其在飞机装配中的应用[J]. 航空精密制造技术, 42（5）：1-5.

吴晓峰, 赵祉江, 柳权, 2009. 大空间尺寸测量及大部件运输、跟踪、定位技术[J]. 航空制造技术,（24）：38-41.

夏创杰, 2009. RFID 系统中防碰撞算法研究[D]. 天津：天津大学.

徐国威，1993. 国内外数控机床的发展及应用概况[J]. 兵工自动化，（2）：31-35.

徐孟超，2012. 浅谈国内外三维可视化发展及其应用[J]. 现代测绘，35（6）：60-62.

徐轩露，2013. 虚拟现实技术与计算机技术应用的共同发展[J]. 中小企业管理与科技（下旬刊），（1）：232-233.

许国康，2005. 自动钻铆技术及其在数字化装配中的应用[J]. 航空制造技术，（6）：36-40.

许友，2018. 激光跟踪绝对测长多边法坐标测量系统研究[D]. 天津：天津大学.

薛少丁，2012. 柔性自动化单向压紧制孔技术研究[D]. 南京：南京航空航天大学.

严秋白，2016. 基于爬行机器人的精准制孔技术研究[D]. 南京：南京航空航天大学.

严伟苗，2015. 大型飞机壁板装配变形控制与校正技术研究[D]. 杭州：浙江大学.

杨慧，2009. OpenGL 和 DirectX 在技术和应用上的区别及联系[J]. 电脑知识与技术，5（24）：7064.

杨廷力，刘安心，罗玉峰，等，2010. 机器人机构结构综合方法的基本思想、特点及其发展趋势[J]. 机械工程学报，46（9）：1-11.

杨廷力，刘安心，罗玉峰，等，2012. 机器人机构拓扑结构设计[M]. 北京：科学出版社.

杨文辉，2015. 基于 Unity3d 的初中历史教学案例设计与应用研究[D]. 银川：宁夏大学.

佚名，2017. 国网江苏电力研发末端电网智能感知系统[J]. 农村电气化，12：62.

曾元松，黄遐，黄硕，2008. 蠕变时效成形技术研究现状与发展趋势[J]. 塑性工程学报，15（3）：1-8.

曾长，2013. 飞机装配自主移动机构研制[D]. 南京：南京航空航天大学.

曾震宇，2000. 造型系统中的特征及用户自定义特征技术[D]. 杭州：浙江大学.

张川，2014. 飞机钣金特征数字化检测预处理技术研究[D]. 南京：南京航空航天大学.

张格，2014. 喷丸成形技术助力机翼制造[J]. 大飞机，（5）：99.

张洪铭，葛晓宏，李辉，2019. 机器视觉的电镀卫浴产品划痕检测系统[J]. 厦门理工学院学报，27（5）：8-13.

张辉，赵建国，吴晓瑜，2012. 飞机部件柔性装配工装的研制及关键技术研究[C]. 中国航空学会青年科技论坛.

张建宝，肖军，文立伟，等，2010. 自动铺带技术研究进展[J]. 材料工程，（7）：87-91.

张晶，乔艳琰，2016. 未来生活中的增强现实技术[J]. 电子制作，（6x）：98.

张靖，2010. 变电站设备巡检移动机器人的研究与设计[D]. 保定：华北电力大学.

张泉，2007. 工业机器人常用传感器[J]. 希望月报月刊，（11）：42-43.

张田田，2009. 基于机器视觉的啤酒瓶瓶口检测系统的研究[D]. 青岛：山东科技大学.

张燕翔，朱赟，董东，等，2012. 从"经验之塔"理论看增强现实教学媒体优势研究[J]. 现代教育技术，22（5）.

张州，2015. 浅谈虚拟现实系统的输入设备[J]. 科学技术创新，（17）：81-82.

赵乐乐，2013. 飞机大部件装配数字化测量场构建技术研究[D]. 南京：南京航空航天大学.

赵奇峰，田传艳，胡军照，等，2015. 基于 Multigen Creator 某飞行器视景仿真模型优化设计[J]. 计算机测量与控制，23（10）：3494-3497.

郑广强，吴文贵，2013. 自动铺带技术在航空复合材料制造领域的应用[J]. 航空制造技术，435（15）：40-43.

郑敏希，2015. 教师教育专业虚拟仿真课堂训练系统构建研究[J]. 电子测试，（7X）：122-124.

周春兰，2016. 基于视觉技术的零件尺寸测量系统的研究[D]. 杭州：浙江理工大学.

周坤，2009. 激光三角法在大尺寸测量中的应用[D]. 秦皇岛：燕山大学.

周连杰，2011. 温度触觉传感技术研究[D]. 南京：东南大学.

周晓伟，2007. 二维条码识别技术研究[D]. 上海：上海交通大学.

朱明华，2016. 面向精准装配的飞机钣金零件成形关键技术研究[D]. 南京：南京航空航天大学.

朱明华，黄翔，韦红余，等，2011. 面向飞机部件的柔性多点支撑技术研究[J]. 航空制造技术，（10）：49-52.

庄百亮，单忠德，姜超，2010. 热冲压成形工艺技术及其在车身上的应用[J]. 金属加工（热加工），（21）：62-64.

GRÜBLER M，1883. Allgemeine eigenschaften der zwanglaufigen ebenen kinematische kette：I[J]. Civilingenieur，29：167-200.

KUTZBACH K，1929. Mechanische leitungsverzweigung，ihre gesetze und anwendungen[J]. Maschinenbau，8（21）：710-716.

TIAN W，ZHOU W X，ZHOU W，2013. Auto-normalization algorithm for robotic precision drilling system in aircraft component assembly[J]. Chinese Journal of Aeronautics，26（2）：495-500.

TRASLOSHEROS A，SEBASTIÁN J M，TORRIJOS J，et al，2013. An inexpensive method for kinematic calibration of a parallel robot by using one hand-held camera as main sensor[J]. Sensors，13（8）：9941-9965.

ZHU W D，MEI B，YAN G R，et al，2014. Measurement error analysis and accuracy enhancement of 2Dvision[J]. Robotics and Computer-Integrated Manufacturing，（30）：160-171.